빛깔있는 책들 301-34

주왕산

글/김규봉 ● 사진/손재식

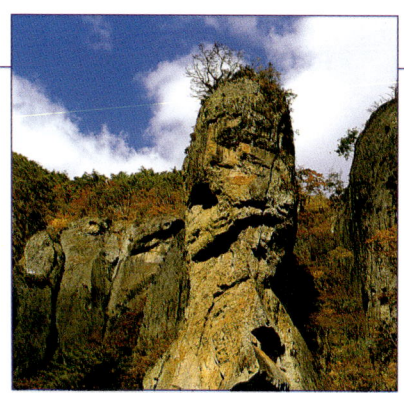

대원사

김규봉 ————————
1956년 경북 청송에서 태어났다.
향토사 연구가이자 산악인이며
저서로는 『주왕사적의 연구』가
있다. 현재 청송군청에 근무하고
있다.

손재식 ————————
1956년 서울에서 태어났다. 신구
전문대학교 사진학과를 졸업하고
불교 문화와 자연을 소재로 하는
작업을 주로 해오고 있다. 이와
관련된 십여 권의 빛깔있는 책들
에 사진을 실었고 웅진출판사의
『한국의 자연탐험』 작업에 참여
했다. 현재 『사람과 산』의 객원편
집위원이다.

주왕산

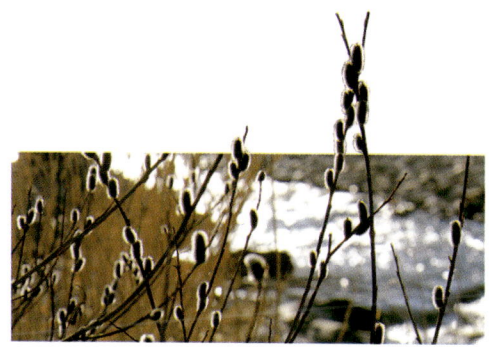

주왕산

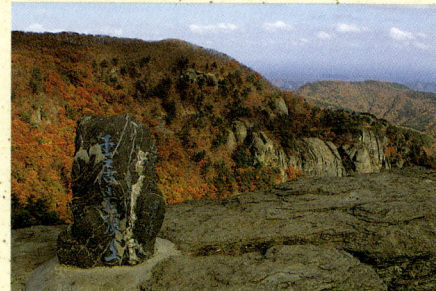

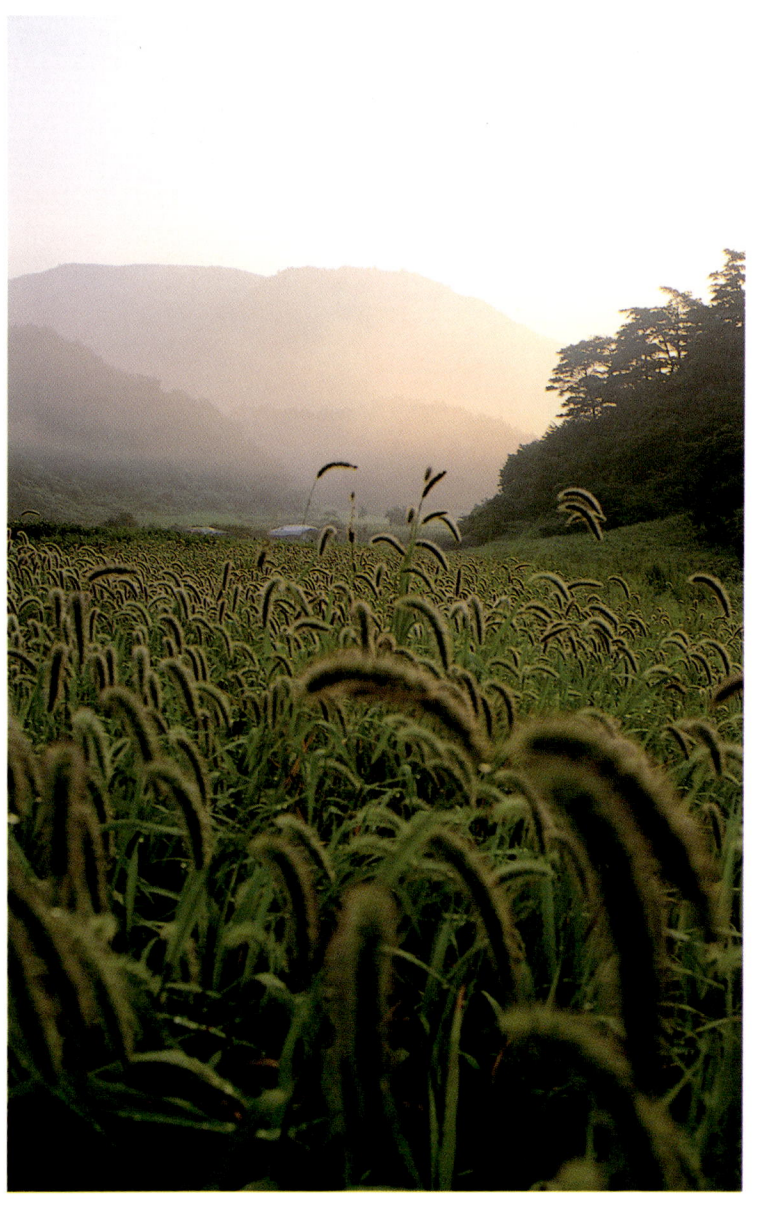

전설과 모성의 주왕산

　산 이름은 일반적으로 그 산의 특징이나 의미를 기준으로 붙이는 것이 보통이다. 그러나 주왕산(周王山)은 산 이름을 주왕이라는 사람의 이름에서 따왔다. 명산을 두루 살펴보아도 산 이름을 사람의 이름에서 따온 산은 그리 많지 않다.

　주왕산 이름의 변화는 주왕이 은거하기 이전과 이후로 크게 나눌 수 있다. 주왕이 은거하기 이전인 신라시대 때는 바위가 병풍처럼 서 있다고 하여 석병산(石屛山), 주왕이 은거한 이후인 신라 말부터는 주왕이 은거하였던 산이라 하여 주왕산이라고 불렸다.

　조선시대에 들어와서는 산 이름에 많은 변화가 오게 된다. 문헌을 살펴보면『신증동국여지승람(新增東國輿地勝覽)』(1530), 「대동여지도(大東輿地圖)」(1861), 「청송군읍지(靑松郡邑誌)」(1899)에는 주방산(周房山) 또는 대둔산(大遯山)으로, 예천 사료 「양양기구록(襄陽耆舊錄)」(1757)과 「주왕산지(周王山志)」(1833)에는 주왕산으로 기록되어 있다. 이러한 자료들을 분석하여 보면 관의 영향력 아래 발간된 문헌들은 주왕산이라는 직접적인 표현을 피해 주방산 또는 대둔산으로 바꿔 불렀으나 민간에서 선비들이 기록한 문헌에서는 그대로 주왕산으로 불렸음

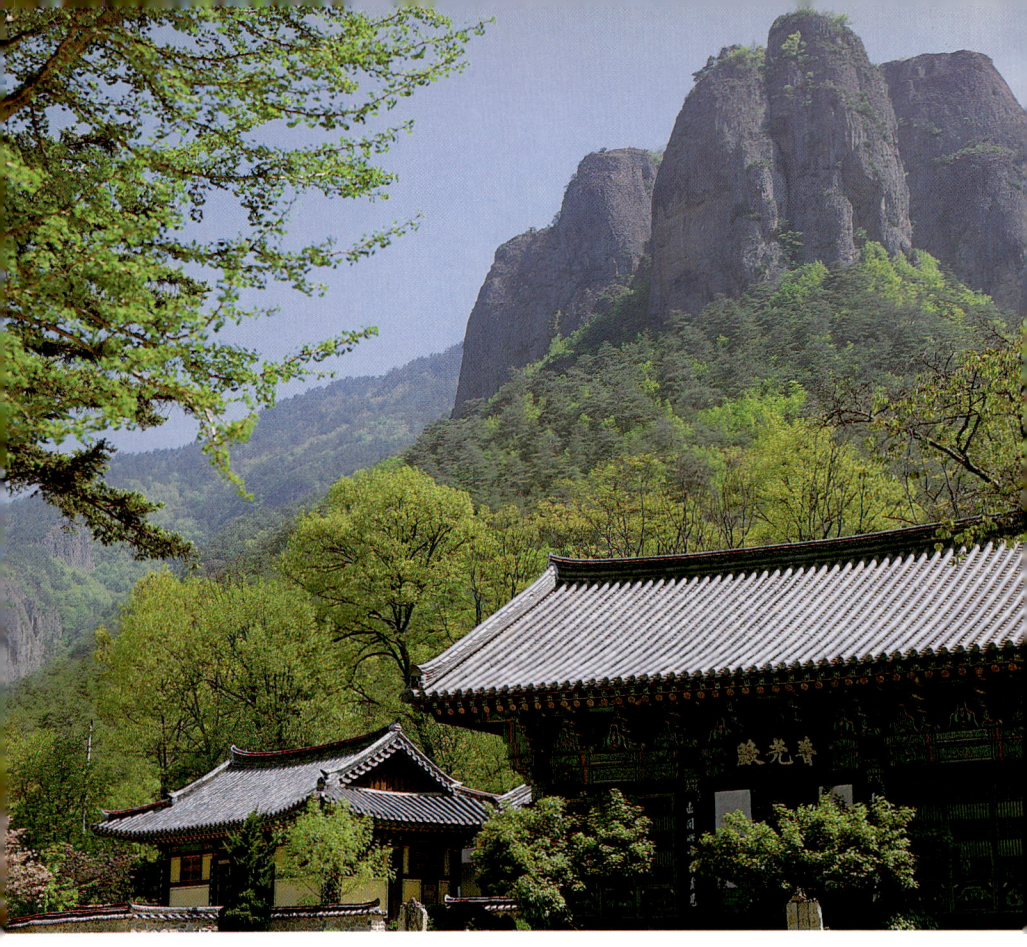

주왕산의 대명사 기암과 대전사 주왕산 입구에 있으며 주왕산을 상징하는 대표적인 명소 가운데 하나이다.

을 알 수 있다.

　당시 주왕산이 세종대왕의 비였던 소헌왕후(청송 심씨)와 명종의 비였던 인순왕후 심씨의 시조 묘소 수호산으로 지정되면서 산 전역이 청송 심씨(靑松沈氏) 문중의 소유가 되었다. 이때부터 청송 심씨들은 시조 묘소 수호산 이름이 주왕이라는 중국 반란자의 이름에서 유래하였다는 데 대해 거부감을 갖게 되었다. 그런 이유로 청송 심씨와 관리들이 주축이 되어 주왕산에 대한 개명 운동을 추진한 것 같다. 주왕산 개명 운동은 400여 년 동안 지속되었으나 이러한 노력과는 상관없이 민간에서는 늘 주왕산으로 불렀다. 그러다 1937년에 발간된 「청송군지(靑松郡誌)」에서 공식적으로 주왕산이라고 기록한 후 모든 문헌에서 일관되게 주왕산으로 기록하고 있다.

전설의 산

주왕산은 전설의 산이다. 주왕산은 '전설로 시작해서 전설로 끝난다'고 할 정도로 발길 닿는 곳마다, 눈길 가는 곳마다 전설이 살아 있다.

전설은 일반적으로 지역성과 역사성을 갖고 있다. 어느 지역이고를 떠나서 대부분 비슷한 내용이고, 역사적 사실을 그럴듯하게 포장하여 전해지는 이야기가 그 지방 사람들에 의해 진실이라고 믿어지는 것이다. 그러나 전설 속의 역사는 실제로 일어났던 일이라기보다 '실제로 일어났다고 믿어지고 있는 일'이라고 할 수 있다. 이러한 전설은 단순히 전해 내려오는 옛이야기로만 생각하기 쉬우나 우리 조상들의 삶과 애환이 담긴 무형의 문화석 사치가 크다.

주왕산의 전설은 크게 역사성과 생동감이라는 특징이 있다. 역사성를 강하게 내포하고 있기 때문에 전설에 대한 사실적 믿음을 더해 주며, 전설이 천여 년을 내려오면서도 변함없이 전해져 왔기 때문에 생동감이 있다. 주왕산 전설은 주왕의 은거와 관련한 것들이 대부분으로 금방이라도 살아 움직일 듯한 갖가지 모양의 바위, 굴, 계곡이 보는 이들로 하여금 자연스럽게 전설이라는 생명을 불어넣게 하였다. 역사를 연구할 때는 문헌과 유물, 유적 등에 의존하는 것이 일반적이다. 그러나 전설이 비록 근거 없고 비과학적이며 비상식적인 요소가 다분하다 할지라도 그 순수성과 진실성은 다소나마 역사의 한 부분으로 이해하려는 노력이 있어야 할 것으로 생각된다.

주왕산의 역사는 전설의 역사이다. 그러므로 주왕산의 역사를 연구하려면 먼저 전설을 연구하여야 할 것이다. 주왕산을 대변하는 전설이 오랜 세월 동안 전설로만 취급되고 역사적 사실로서 이해하려는 노력이 부족하였다는 점이 커다란 아쉬움으로 남는다.

모성의 산

주왕산은 모성의 산이다. 주왕산이 모성의 산이라는 것은 지리적 위치와 산의 모양새를 살펴보면 잘 알 수 있다. 지리적으로 우리나라를 호랑이 상으로 비유한다면 주왕산은 호랑이의 골반에 해당된다. 호랑이가 암컷일 경우에는 자궁에 해당되는 자리이다.

다음으로 산의 생김새가 다른 산과 다르다. 일반적으로 산은 주봉을 중심으로 내려오면서 점차 그 세를 나누어 능선을 세우고 계곡을 내려앉힌 피라미드형이다. 그러나 주왕산의 모양은 그렇지 않다. 높은 봉우리들이 마치 여자들이 강강술래를 하는 것처럼 빙 둘러서 있다.

주왕산(722미터), 석름봉(石廩峰, 882.7미터), 대궐령(大闕嶺, 798.5미터), 은장도봉(銀粧刀峯, 910미터), 명동재(875미터), 벅구등(820.8미터), 도솔봉(927.2미터), 성재(762미터), 음지설미봉(686.8미터) 등 높이가 비슷한 봉우리들이 빙 둘러서고 가운데 내원동(內院洞), 너구동, 갈전동(葛田洞) 등이 작은 마을을 이루어 주방계곡, 노루용추계곡, 절골계곡 등의 협곡을 만들었다.

또한 이들 봉우리들은 뒤로는 큰 능선을 길게 뻗어 여러 갈래의 계곡을 이루어 마치 어미 닭이 병아리를 품듯이 작은 마을들을 품고 있다. 주등산로인 대전사(大典寺)에서 제1폭포를 거쳐 내원동까지 가는 코스는 계곡이 깊어 터널 속으로 들어가는 듯한 구간이 여러 곳 있다. 이렇게 계곡이 깊은 반면에 경사는 완만하여 등산객들에게 공원 산책로나 동네 골목길처럼 편안한 느낌을 준다.

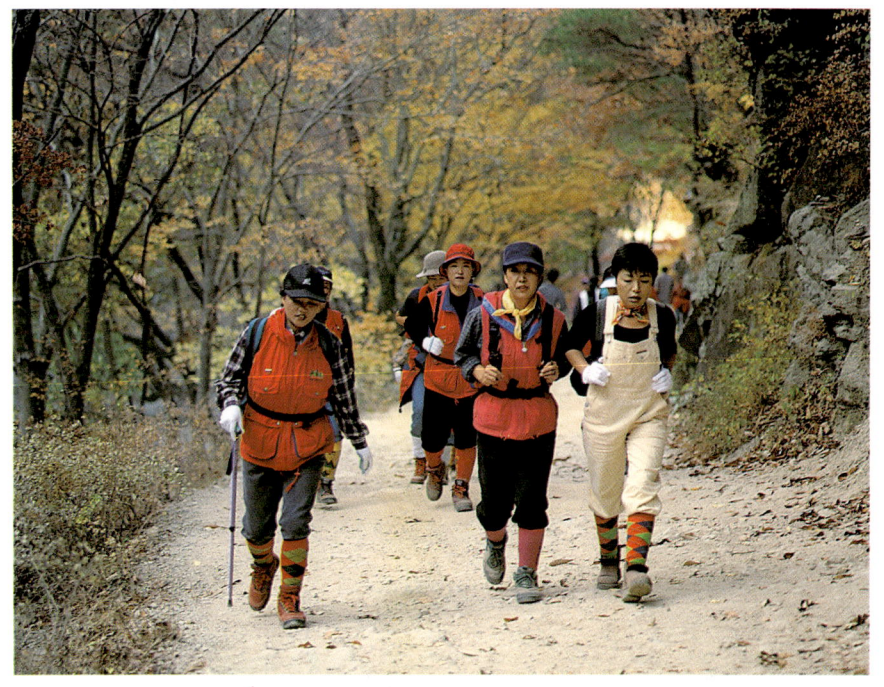

편안한 등산로 내원동까지 가는 등산로는 깊은 계곡임에도 경사가 완만하여 눈길은 바쁘지만 발길은 편안히게 해준다.

주왕산은 자연적으로 생긴 바위굴이 많기로도 유명하다. 예로부터 108개의 굴이 있다는 말이 전하는데 종교적인 의미가 다분한 이야기이지만 주왕산을 둘러본 사람이라면 전혀 터무니없는 이야기만이 아님을 알 수 있다. 이렇게 많은 굴 가운데 입벌림이 큰 것은 사람들의 은신처나 기도처, 작은 것은 뭇 짐승들의 보금자리로 이용되어 왔다. 이름있는 굴로는 주왕이 숨어 있었다는 주왕굴(周王窟), 주왕의 군사가 무기를 숨겼다는 무장굴(武藏窟), 주왕의 군사가 훈련을 하였다는 연하굴(煙霞窟), 주왕의 시체를 화장하였다는 범굴, 주왕의 아들인 대전도군이 기도하였다는 촛대굴, 임씨·조씨·김씨 세 사람이 난리를 피하였다는 삼성굴(三姓窟), 영덕군 달산면 굴바위굴의 피란굴, 영덕군 지품면 절골의 불공터굴 등이 있다.

　이렇듯 주왕산은 여러 곳에 굴을 만들어 필요한 사람들에게 은신처를 제공하고 뭇 짐승들에게는 보금자리를 마련해 주는 모성애를 발휘하는 산이다.

전설과 절경이 어우러진 국립공원

주왕산은 한반도의 중동부 낙동정맥의 중간에 자리하고 있으며 위도 상으로는 동경 129도 04분 51초에서 129도 14분 55초, 북위 36도 19분 56초에서 36도 27분 46초 사이에 위치한다. 1972년 5월 30일 교통부 고시 제98호로 관광지로 지정되었다가 1976년 3월 30일 건설부 공고 제25호로 오대산에 이어 열두 번째 국립공원으로 지정되었다.

행정구역상으로는 경상북도 청송군과 영덕군에 걸쳐 있고 5개 읍면 17개 리가 포함되며 총넓이는 105.582제곱킬로미터에 달한다. 이중 청송군이 75.732제곱킬로미터로 71.7퍼센트, 영덕군이 29.85제곱킬로미터로 28.3퍼센트를 차지하고 있다. 청송군은 청송읍, 부동면, 진보면을 포함하고 있으며 영덕군은 지품면과 달산면을 포함한다. 주요 경관지는 청송군 지역에 모여 있으나 영덕군 지역도 숲이 울창하고 계곡이 아름답다.

주왕산은 크게 4능선 3계곡 3마을로 나눌 수 있다.

4능선 가운데 제1능선은 장군봉을 시작으로 주왕산과 석름봉의 왕거암(王居巖)을 거쳐 은장도봉까지 이어지는 코스, 제2능선은 음지설미봉(혈암 뒷봉우리)에서 시작하여 성재와 도솔봉을 거쳐 명동재까지 이

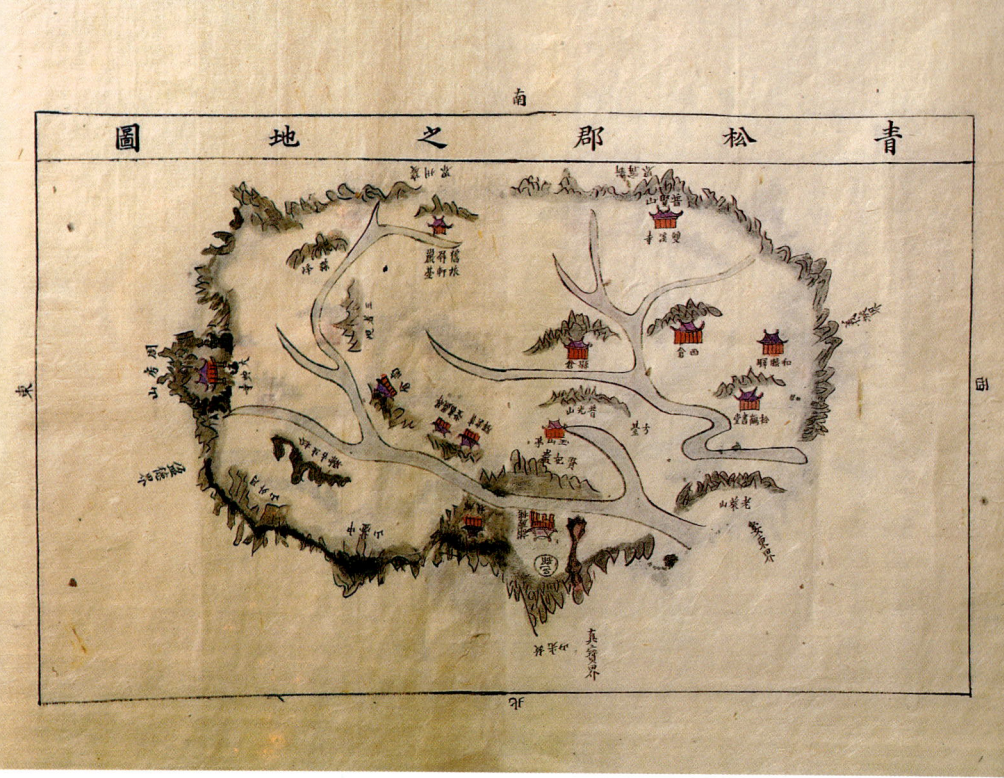

조선시대 청송군 지도 1899년에 편찬된 경상북도 청송군 읍지에 첨부된 채색 지도이다.

어지는 코스, 제3능선은 절골 입구에서 시작하여 대궐령과 갓바위 뒤 평전(平田)을 거쳐 은장도봉까지 이어지는 코스, 제4능선은 태행산(太行山)에서 시작하여 대둔산과 장자봉(丈子峯)을 거쳐 벅구등까지 이어지는 코스이다.

3계곡은 대전사에서 내원동까지 이어지는 주방계곡과 월외리에서 너구동까지 이어지는 노루용추계곡, 그리고 절골에서 갈전동까지 이어지는 절골계곡이며 3마을은 내원동, 갈전동, 너구동을 말한다.

주왕산은 백악기에 형성된 안산암으로 이루어져 있다. 화산암의 일종인 이 안산암은 주왕산의 90퍼센트 이상을 차지한다. 이 각력질(角礫質)의 안산암이 수직 방향으로 절리(節理)되어 험준한 지형과 기암괴석, 절벽, 폭포, 소(沼) 등을 형성하여 주왕산만의 독특한 아름다움을 만들었다.

또한 주왕산을 이루고 있는 주요 봉우리들은 해안과 내륙의 경계 역할을 하고 있어서 기후의 변화가 심한 편이다. 즉 봄가을에는 날씨의 변화가 심하고 여름에는 집중호우가 많이 내리며 겨울에는 온도차가 크다. 특히 한반도가 태풍의 영향을 받을 때에는 집중호우가 자주 발생하여 등산객들의 안전은 물론 주민들 삶의 보금자리까지도 위협받게 된다.

1997년에 조사된 「주왕산국립공원 자연생태계 보전 계획」의 자료에 의하면 식물은 총 104과 355속 678종이 조사되었으며 특기할 만한 식물은 망개나무, 솔나리, 둥근잎꿩의비름, 노랑무늬붓꽃 등이다.

동물 가운데 조류는 총 65종이 조사되었는데 붉은머리오목눈이가 가장 많이 분포하고 그 다음이 노랑턱멧새와 박새 순이다. 이 밖에도 쇠박새, 곤줄박이, 어치 등이 있으며 특기할 만한 종은 붉은배새매, 소쩍새, 황조롱이, 새매, 수리부엉이, 솔부엉이 등이다. 어류는 총 27종으로 잉어과에 속하는 어류가 가장 많았으며 특기할 만한 어종은 버들치와 갈겨니, 자가사리, 동사리 등이다. 포유류는 총 21종이 조사되었는데 너구리, 오소리, 멧돼지, 고라니, 청설모, 수달 등이 살고 있으며 희귀종인 고슴도치와 땃쥐도 확인되었다. 1975년도에 조사되었던 반달곰, 여우, 산양, 늑대, 호랑이 등은 이 지역에서 멸종되었거나 사라진 것으로 보인다.

주왕산 자락에서 오랫동안 살아온 노인들의 말에 의하면 호랑이가 해방 직전까지 있었다고 한다. 이들은 일제 때 호랑이 사냥에 참가한 일이며 호랑이 고기를 먹은 일 등 생생한 체험담을 많이 가지고 있다.

혼란한 세상의 안식처

주왕산에 사람들이 들어와 본격적으로 마을이 형성되기 시작한 것은 임진왜란을 전후한 시기부터였다. 그 이전에는 절을 지키는 승려들과 소수의 화전민만이 살았으나 임진왜란을 전후하여 인근 안동, 영덕, 포항 등지에서 많은 사람들이 산으로 온 것으로 보인다. 잠시 난을 피하려고 왔으나 난이 길어지자 피란 왔던 사람들은 주왕산의 아름다운 산세와 혼란한 세상을 등진 어머니 같은 포근함에 반하여 주왕산 자락에 터를 잡아 산자락 여기저기에 마을이 생겨났다.

내원동

행정구역상으로는 청송군 부동면 상의리에 속하지만 영덕군 지품면과의 경계 지점에 위치한다. 제3폭포에서 1.2킬로미터 상류 쪽으로 들어간 곳에 있으며 지금까지 사람이 살고 있는, 주왕산에서 가장 큰 마을이다.

내원동에 사람이 살기 시작한 것은 13세기 고려 중기 이후일 것으로 생각된다. 이것은 예천 사료 「양양기구록」에 기록되어 있는 임지한(林支漢) 장군의 활동에서도 찾아볼 수 있다.

원종(1259~1274년)조 때 무과에 급제하였다. 이때 권신(權臣)들이 국권을 농간하고 도적떼가 사방에서 일어났다. 동도(지금의 경주) 반적(叛賊) 최종(崔宗), 최적(崔積), 최사(崔思) 등이 수만 병력을 모아 청송 주왕산에 웅거하면서 정부 창고의 곡식을 탈취하고 창

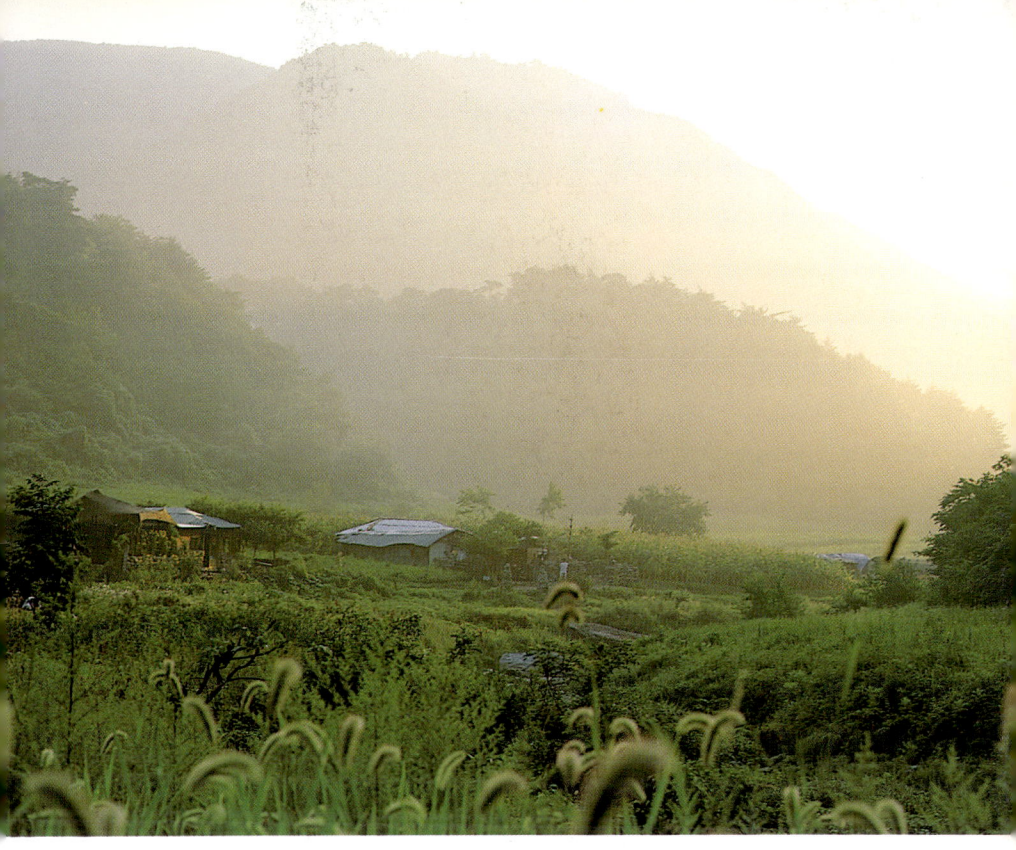

내원동의 아침 밤새 반짝이던 바닷불이 사라지고 소쩍새의 울음 소리가 그치던 새벽닭 우는 소리와 함께 내원동의 아침이 밝아 온다.

고을 지키는 벼슬아치들을 살해하며 여세를 몰아 곧바로 서울을 침
범할 기세였다. 본도(本道)의 병사가 더불어 싸우다가 이기지 못하
고 죽거늘 조정이 근심하여 장수를 뽑아 대응하자고 의논하였다.
　(중략)
　지금의 도적을 막을 재목은 임지한 밖에는 없는 줄 아옵니다.
　(이하 생략)

이 토벌 작전에서 임지한 장군은 속임수를 써서 적군을 안동으로 유

인한 후 부패한 음식을 먹여 모두 사로잡았다. 이 기록에 의하면 당시 동도 반적의 은거지가 주왕산 내원동이었을 것으로 생각되며 싸움에서 패한 일부 잔병들이 주왕산 일대에 들어와 내원동을 중심으로 살았던 것으로 보인다.

이 마을은 내원암이 들어서면서 내원동이라 명명되었을 것으로 짐작되며 조선시대 때는 광혈촌(廣穴村) 즉 너부넘이라고 부르기도 하였다. 19세기까지 이 마을에는 내원암과 도솔암이라는 두 암자가 있었다. 내원암은 마을 안에 있고 도솔암은 마을 뒷산 도솔봉 정상에 있었는데 이들의 이름은 불교의 교리와 관련하여 지어진 듯하다.

도솔천은 불교의 우주관에서 분류되는 천(天)의 하나로 미륵보살이

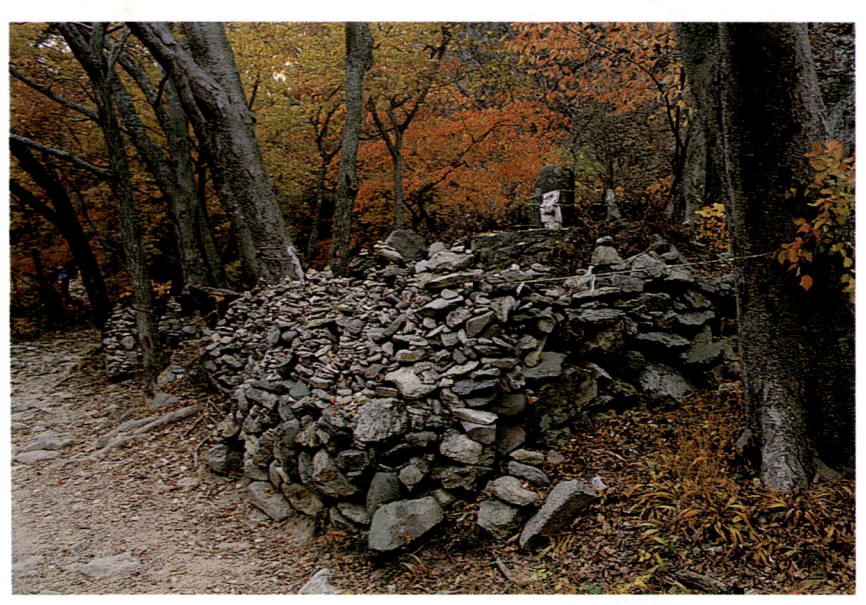

내원동 수호신 아무렇게나 쌓인 당돌들이 사시장철 내원동에 평화와 행복만이 있도록 지키고 있다.

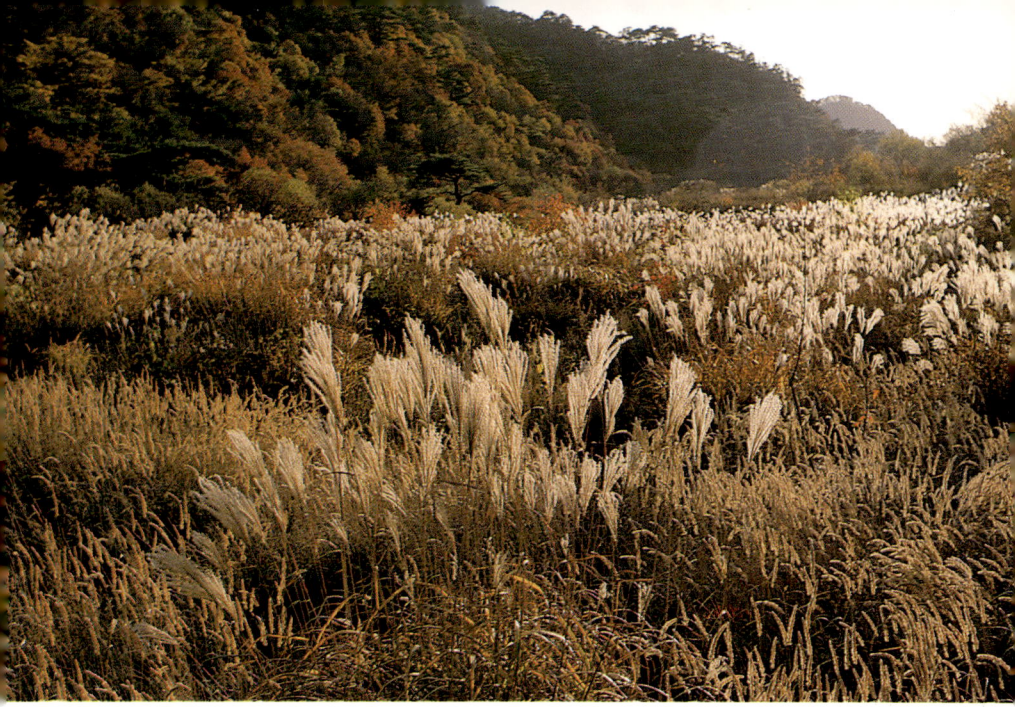

내원동의 갈대밭 내원동 위 등산로변에 있다. 가을 햇살을 반기다가 겨우내 골바람을 벗삼는다.

머무르고 있는 천상의 성토(淨土)이다. 도솔천에는 내원(內院)과 외원(外院)이 있는데 외원은 수많은 천인들이 즐거움을 누리는 곳이고 내원은 미륵보살의 정토로서 내원궁이라고 부른다. 이 내원궁은 석가모니가 인도에서 태어나기 직전까지 머무르면서 중생 교화를 위한 하생(下生)을 기다렸던 곳이며 미래불인 미륵보살이 하생하여 성불(成佛)할 때를 기다리고 있는 곳이기도 하다.

　내원동의 전성기는 일제 시대 때 목탄 생산이 본격화되면서부터인데 이때는 가구수가 백여 가구나 되고 양조장과 물레방아까지 있었다고 한다. 물레방아는 마을 앞 냇가에 있었는데 상류에서 하천을 끌어들인 도수로와 물레방앗간이 있었던 자리가 지금도 남아 있다.

　마을의 평화는 한국전쟁이 발발하기 몇 년 전부터 위협받기 시작하였다. 주왕산이 동해안 지역의 빨치산 거점이 되었기 때문이다. 낮에는 산에서 숨어 지내고 밤이면 마을로 내려와 약탈과 협박을 일삼는 빨치산의 위협에 못 이겨 마을 사람들은 하나 둘씩 마을을 떠나기 시작하였다. 이렇게 줄어들기 시작한 마을은 한국전쟁 발발 직전에는 10여 가구로 줄어들었고 한국전쟁이 발발하자 빨치산의 은거지란 이유로 정부는 강제로 마을을 소개(疏開)시키고 집도 모두 파괴하였다. 한국전쟁이 끝나자 완전히 폐허가 된 마을로 떠났던 토박이들이 하나 둘 찾아오면서 다시 마을의 역사는 시작되었다. 이렇게 형성된 마을은 1970년대 들어와서 다시 번창하였다. 당시 내원동에는 주왕산 초등학교 내원 분교가 있었는데 1970년 3월 2일 개교하여 1980년 2월 28일 폐교하기까지 총 79명의 학생이 졸업하였다.

두고개와 낮은목이라 부르는 두 개의 큰 고개는 영덕과 통한다. 두고개는 마을 뒤쪽 파밭골을 통해 기사리로 넘어가는 곳에 있고 마을에서 낮은목골로 계속 가면 영덕군 상먹동과 통하는 해발 645.3미터의 낮은목이 있다. 이 낮은목은 조선시대 때는 완항(緩項)이라고 불렀다. 마을 바로 밑 계곡을 부도곡(浮屠谷)이라고 부르는데 이 계곡의 물을 마시면 임신중독증을 고칠 수 있고 산후조리에도 좋다고 하여 임산부들이 이 물을 많이 먹었다고 한다.

마을 위쪽 왕거암으로 가는 등산로 옆 하천에는 각시소(沼)가 있다. 전설에 의하면 갓 시집온 새색시가 시어머니의 구박에 못 이겨 어느 날 새벽 이 소에 빠져 죽었다. 새색시가 죽은 후 얼마 지나지 않아 시어머니도 시름시름 앓다가 죽고 곧이어 신랑마저 죽고 말았다. 이 일이 있은 다음 이 마을에는 시어머니의 구박이 사라지고 고부 관계가 좋기로 이름난 마을이 되었다고 한다.

마을 입구에는 이 마을의 역사와 행복을 지키는 당돌이 있다. 집이 생겼다 없어지거나 사람들이 떠났다가 다시 모여도 이 당돌은 늘 그 자리에서 마을의 역사와 평화를 지키고 있다. 매년 정월 대보름이면 마을 사람들이 마음을 모아 작은 돌 앞에 제사를 올린다.

너구동

행정구역상으로는 청송읍 월외 2리에 속하며 달기폭포에서 1.5킬로미터 가량 상류 쪽으로 들어가 있다. 너구동은 원래 사이동(四耳洞)이라고 불렀는데 네 귀퉁이가 만나는 곳이라는 의미이다.

마을 앞에는 생바위가 있는데 이곳은 네 개의 산줄기와 네 개의 물줄기가 만나는 보기 드문 명당이라 한다. 생바위는 분지를 거쳐 새밭목으로 가는 등산로 입구에 있으며 바위 밑에는 기도를 한 흔적이 있다. 조선시대에는 월폭(月瀑)이라 부르기도 하였으며 임진왜란 때는 의병들의 은거지가 되기도 하였다.

일제 시대 때는 목탄 생산을 위해 많은 사람들이 들어와 살았다. 1970년대에는 마을이 번창하여 50여 가구가 살았으나 화전민 이주 사업과 이농 현상 등으로 가구가 급격히 줄어들어 현재는 7가구 정도가 살고 있다.

갈전동

행정구역상으로는 부동면 이전리에 속하며 절골계곡에 위치한다. 원래 이름은 칠밭(칡밭)인데 조선시대부터 한문 표기를 사용하여 갈전동이 되었다.

이 마을은 계곡이 넓고 토질이 좋아 화전민들이 많이 살았다. 부동면 이전리 안동 임씨(安東林氏) 입향 시조인 임동(林同)이 임진왜란 때 피란하면서 개척한 마을로 1960년대 화전민들이 들어오면서 마을이 번창하여 1970년대에는 30여 가구가 살았으나 정부의 소개 정책과 화전민 이주 사업 등으로 모두 떠나가고 현재는 한 가구도 없다. 이 마을로

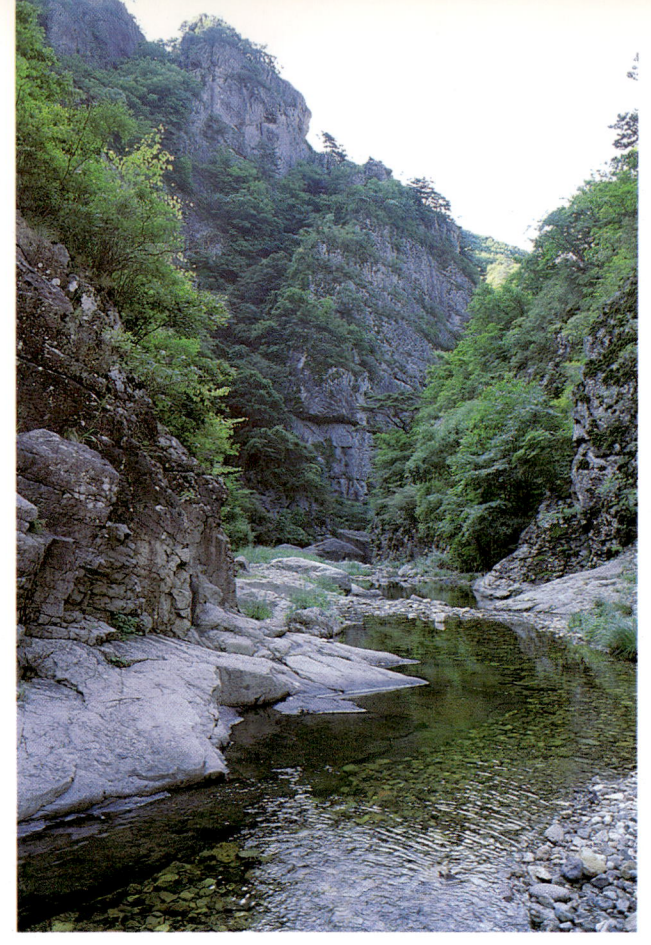

절골계곡 바위, 나무, 물이 더할 나위 없이 조화를 이루는 곳으로 운수암터, 대문다리 등
이 있다.

들어가는 절골계곡에는 운수암터가 있고 대문처럼 생긴 나무다리가 있
었다는 대문다리가 있다.

사창동

사창동(司倉洞)은 대피소에서 훈련목을 거쳐 석름봉(왕거암) 가는
도중에 있다. 이곳은 옛날에 대전사의 창고가 있었다는 전설이 있는데

이 전설은 낭공 대사가 주왕사적(周王事蹟)을 기록하여 이곳의 산기슭에 묻어 둠으로써 비롯되었다. 낭공 대사는 이곳에 주왕사적을 묻어 놓고 승려들로 하여금 백년이 넘도록 지키게 하였다.

이 마을은 일제시대 때는 목탄 생산지였고 해방 이후에는 화전민들이 살았으나 1970년대 초 모두 떠나고 지금은 한 집도 없다.

전설이 살아 있는 명소

주왕산은 어느 곳을 가나 절경과 전설이 한데 어우러져 나그네의 눈길과 발목을 잡는다. 자연의 신비로움과 전설이 살아 있는 명소 가운데 몇 군데를 소개한다.

주방동

돌을 던져 그 위에 얹히면 아들을 낳을 수 있다는 아들바위에서 시작하여 주왕굴과 연하굴 일대까지를 말한다. 이곳은 주왕이 최후까지 은거한 곳으로 주왕에 관한 전설이 가장 생생하게 살아 있는 곳이기도 하다. 주방산성(周房山城)과 궁터(宮址) 등의 유적이 있고 주왕암(周王庵), 주왕굴, 무장굴, 망월대 등의 명소가 있다. 특히 물가에는 수달래가 군락을 이루어 봄이면 주왕산의 큰 볼 거리가 된다.

주왕산은 주방천 계곡에 수달래꽃이 피기 시작하면서 본격적인 관광이 시작되는데 능선에 물드는 신록을 배경으로 수달래의 화려함이 주방천 계곡 수면 위를 흐르면 '수달래제'가 시작된다.

수달래는 수단화(水丹花, 壽斷花)라고도 하는 진달래과의 다년생 식물로 5월 초순경 주로 물가에 군락을 이루며 꽃이 핀다. 꽃 모양이 진달래와 비슷하나 진달래보다 더 진하고 꽃잎에 검붉은 반점이 있는 것

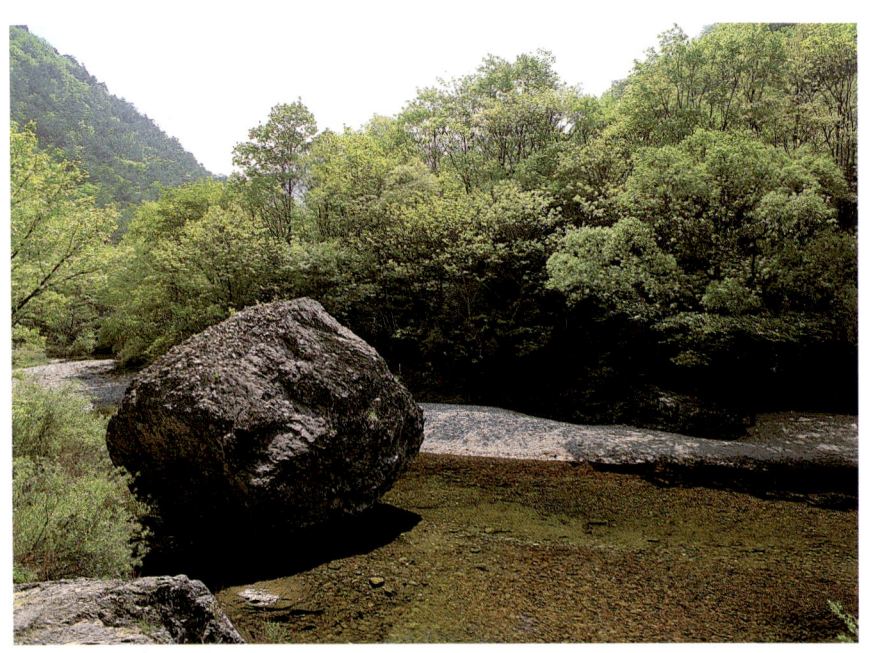

아들을 낳게 해주는 아들 바위 돌을 던져 바위 위에 얹히면 아들을 낳는다는 전설이 전하는 바위로 아들 못 낳는 여인들의 한을 풀어준다.

이 특징이다. 전설에 의하면 수달래꽃은 청운의 꿈을 이루지 못하고 억울하게 죽은 주왕의 넋이라고 한다. 수달래꽃의 아름다운 모습과 주왕의 전설이 한데 어우러질 때면 사람들은 주왕산 계곡에서 한바탕 축제를 여는데 이른바 '수달래제'이다.

　이 축제는 1986년도에 시작하여 매년 5월 초에 열리며 전야제를 시작으로 고유제, 산악 행사, 문화 행사 등이 화려하게 개최된다. 수달래제 행사 고유제 축문을 여기 옮겨 본다.

　천지신명이시여! 엎드려 고합니다. 망망한 천지는 굽어보고 우러

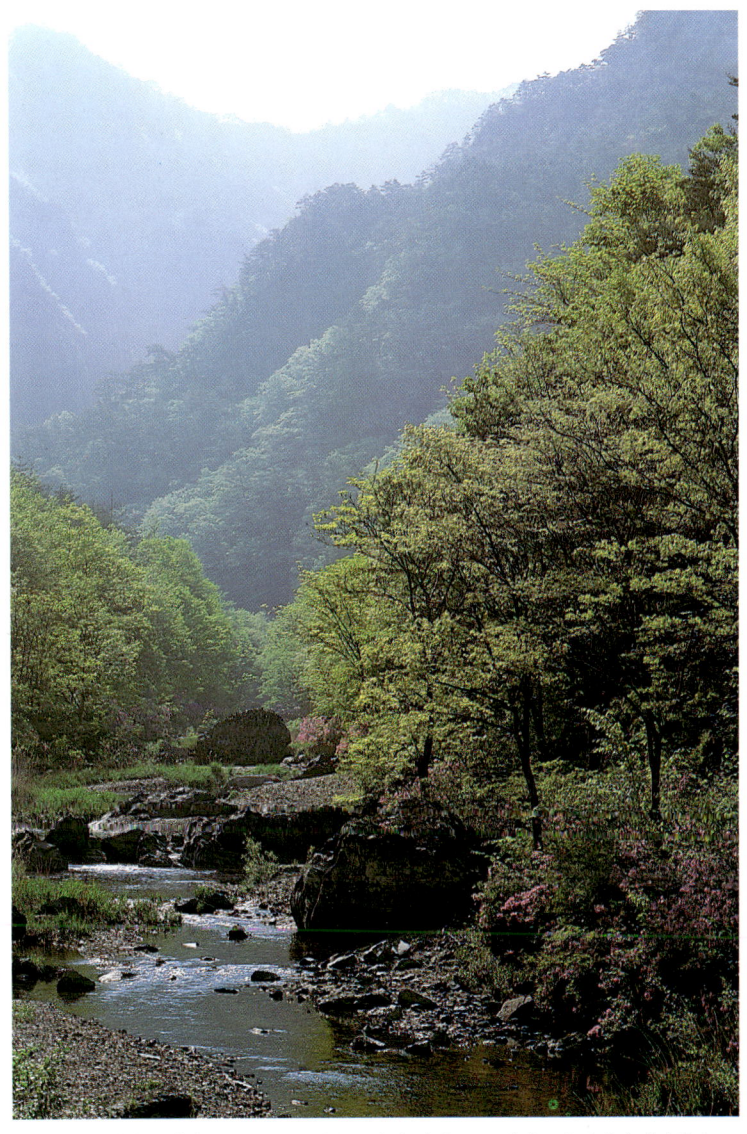

수달래 핀 5월의 주방천 산에는 싱그러운 녹음이 깔리고 물 위에는 수달래의 화려함이 흐른다.

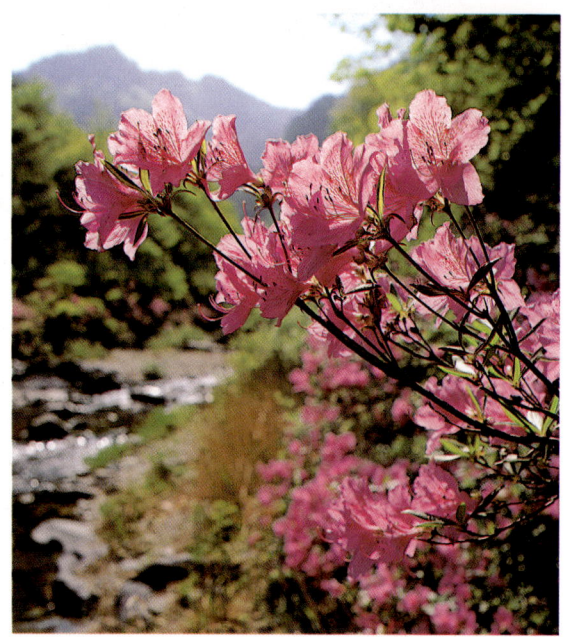

수달래 5월 초순경 물가에 군락을 이루며 피는 진달래과의 다년생 식물로 이 수달래가 흐드러지게 필 때면 사람들은 정성을 모아 제를 지낸다.

러보아도 끝이 없고 세월이 천억을 지났지만 그 자취는 구름이 지나간 것 같습니다. 단군할아버지 때 문명을 연 이래로 공자님의 학문과 무예가 이 나라 금수강산을 크게 번창시켰습니다.

삼천리 강산 한쪽 모퉁이에 청송이라고 부르는 한 고을이 있습니다. 하느님이 창조하신 땅이라 아름답고 풍요로우며 예의와 문물이 서로 어울려 이웃을 이루었습니다. 풍습이 순박하고 예의가 발라 훌륭한 규범을 이루었으니 이 모든 것이 어찌 신의 뜻이 아니겠습니까?

신께서 이룩하신 업적에 정성을 드리고자 매년 봄이 되면 예법에 따라 목욕재계하고 삼가 오늘도 청결한 제수로 정성을 드립니다. 앞으로 백성들을 재난과 질병으로부터 막아 주시고 농사와 가축에 재해가 없도록 해주시며 모든 이에게 한없는 안식을 베풀어 주옵소서. 비록 어리석기는 하나 신의 은혜는 알고 있어 여러 번 절을 올리니

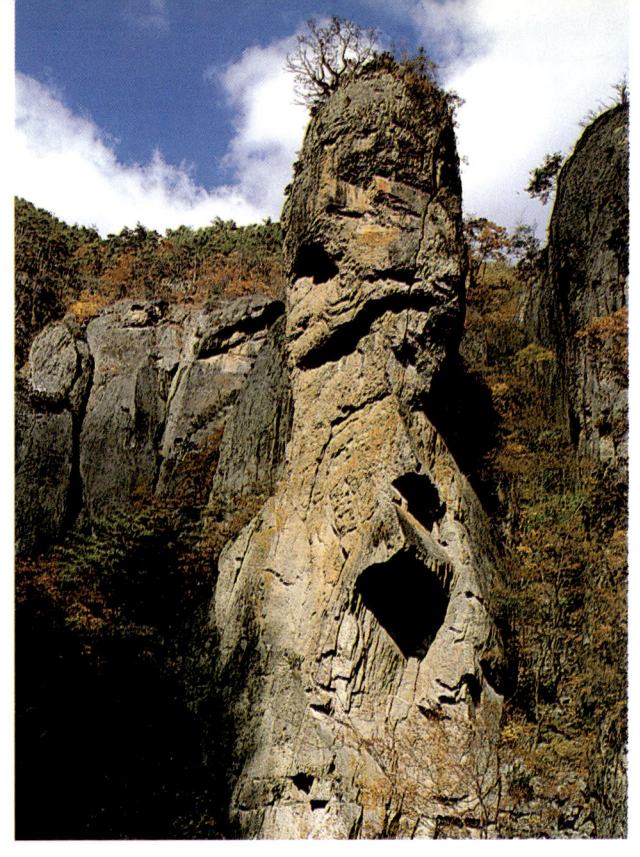

시루봉 시루처럼 생겨서 시루봉이라 한다. 나그네들의 발걸음을 멈추게 하는 정경 가운데 하나이다.

많이 많이 흠향하시옵소서.

청학동

학소대를 중심으로 제1폭포와 선녀탕에 이르는 청학동(靑鶴洞)은 주왕산 제일의 비경을 자랑한다. 이곳에는 학소대, 시루봉, 제1폭포, 선녀탕, 구룡소 등 볼 거리가 많다. 조선시대에는 학소암과 청학암 두 암자가 서로 마주보고 있으면서 바위와 암자가 어우러져 신비할 정도로 아름다웠다 한다.

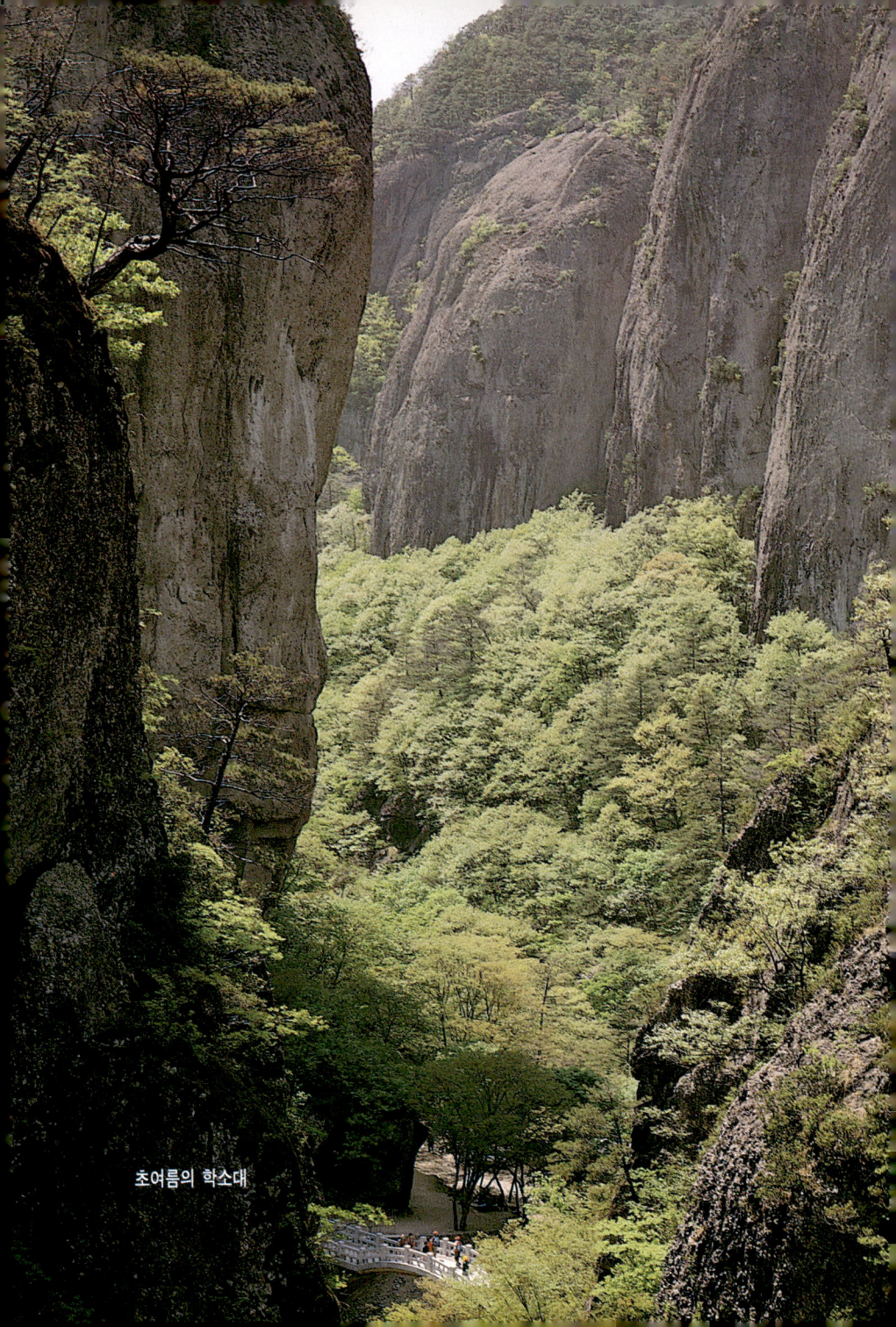

초여름의 학소대

주방산성

이 산성은 822년(헌덕왕 14)부터 825년(헌덕왕 17)까지 김헌창(金憲昌)과 김범문(金梵文)이 주왕산에 은거하기 위해 축성하였다고 한다. 822년 김헌창이 웅천주에서 반란에 실패하고 아들 김범문과 함께 진성과 주왕산으로 숨어 들어오게 되었다. 이때부터 재기를 노리며 장기 은거에 들어간 이들은 김헌창은 신하들과 진성에서 살았으며 김범문은 주왕산에 들어와 산성을 쌓았다. 축성 당시 인근의 마을 사람들이 부역(賦役)을 하였다는 이야기도 전해 내려오는 것을 보면 축성에 많은 사람이 투입된 듯하다.

산성은 포곡형으로 자연지형을 최대한 이용하였으며 성벽은 자연석을 이용하여 쌓았다. 주왕암 위치에는 건물을 짓고 우물을 만들어 본부

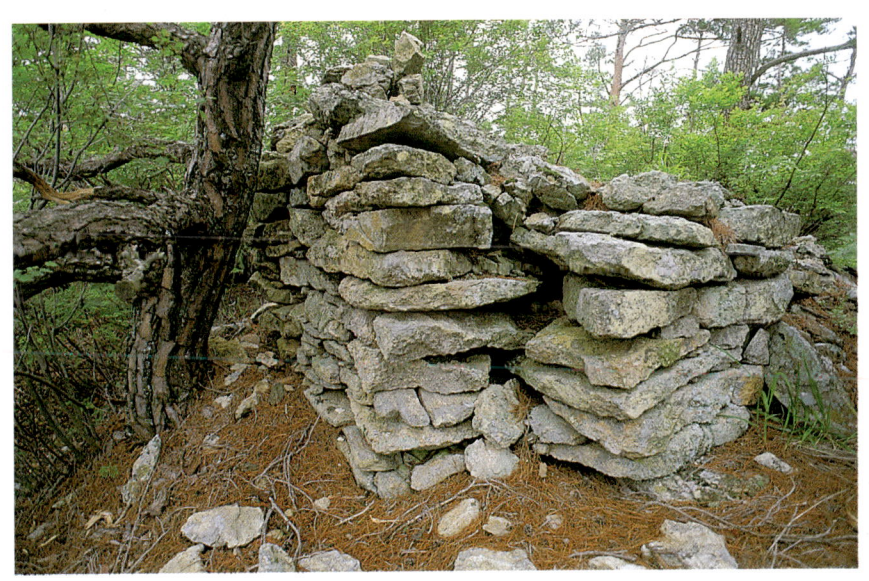

주방산성터 능선 곳곳에 자연석으로 쌓은 성터가 남아 있어 옛날의 자취를 보여 준다.

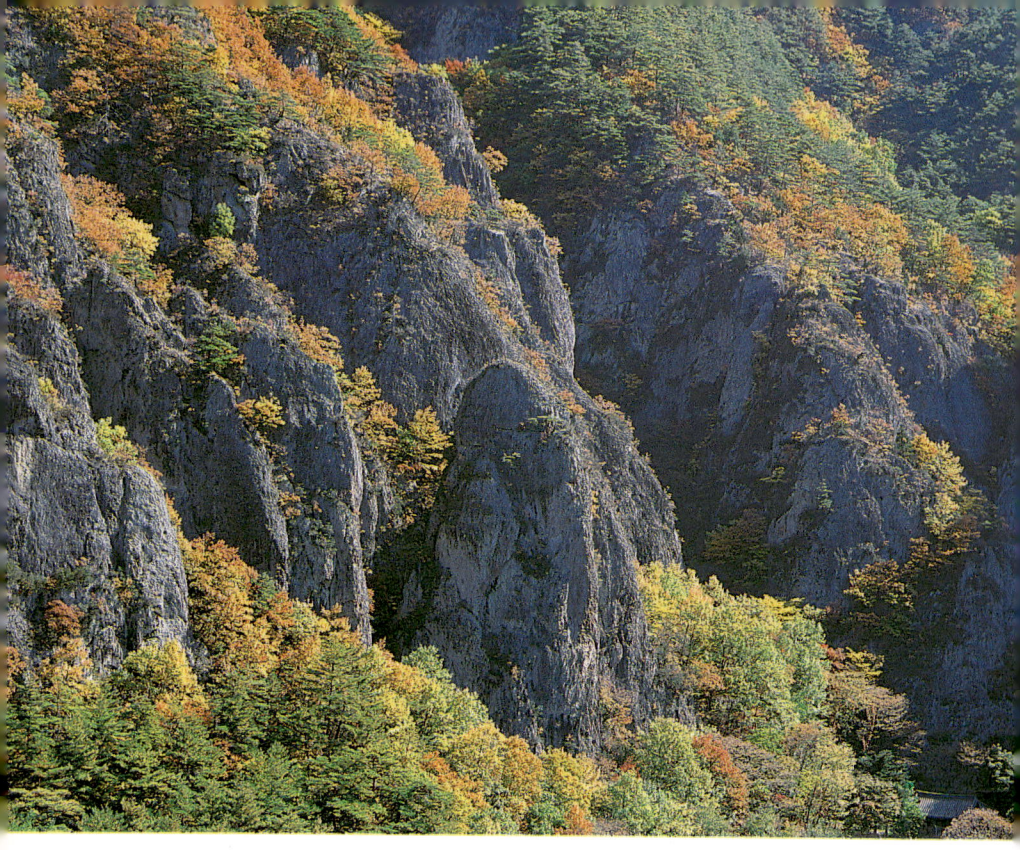

주방산성 위에서 본 주왕암과 주변 산세 이 아름다운 계곡 속에 아픔의 역사가 있고 그 아픔을 목탁 소리로 승화시키려는 숨겨진 노력이 있었다.

로 삼고 주왕암 진입로는 이중 삼중의 성벽을 만들었다. 전설처럼 전해 내려오는 금오택(金鰲澤)은 실제 있었던 연못으로 축성 당시 해자(垓字)였다. 이를 통해 적의 진입을 차단하고 수문(水門) 기능도 함께하였다. 해자를 만들었던 못둑자리가 위락장 밑 하천에 아직도 남아 있다. 주왕산 전설 가운데 주왕이 병력의 수가 많은 것처럼 보이기 위해 개울물에 흰 가루를 풀어 마치 쌀뜨물처럼 하류로 흘러 보냈다는 이야기가 있는데 이 흰 물은 해자를 축조할 때 생긴 흙탕물로 보인다. 이 해자는 나중에 금오택으로 불리게 되는데 금자라가 많이 산다고 하여 붙여진 이름이다. 이 금오택이 언제 없어졌는지는 알 수 없으나 그 아름다움은 상상만 하여도 황홀하다. 만수가 되면 급수대 앞까지 물이 가득 차게 되는데 단풍과 바위, 산성이 한데 어우러지고 물 위로 배가 다니는 모습은 한 폭의 그림이었을 것이다.

현재 제1팔각정이 있는 곳에는 동문루(洞門樓)라는 성문이 있었는데 조선시대까지 남아 나그네들이 쉬어 가는 곳으로 이용되었다. 「주왕산지」의 기록을 보면 1591년에 이광준(李光俊) 청송부사가 이 동문루를 수리한 기록이 나오지만 지금은 깨진 기와 조각만 남아 있다.

봉돈(烽墩)도 있었을 것으로 추정되는데 나한봉, 벽구등, 석름봉, 기암(旗巖) 등에 있는 흔적과 전설 등이 이를 뒷받침해 주고 있다. 이 봉돈에서 불, 깃발, 북소리를 이용하여 사방의 상황을 서로 전달하였을 것이다.

주방산성 싸움은 825년 신라 헌덕왕(憲德王)으로부터 김헌창을 토벌하라는 명을 받은 명주군왕(溟州郡王) 김주원(金周元)이 김신(金身)을 출동시킴으로써 시작되었다. 그해 12월 13일(10월 그믐)부터 시작된 10일 동안의 진성 싸움에서 크게 이긴 김신의 토벌군은 곧바로 주방산성을 공격하게 된다. 이 싸움에서 김헌창은 주왕굴에서 생포되고 김범무은 달아났다. 김헌창은 싸움이 시작된 지 4개월 뒤인 4월 7일(3월 갑자일)에 명주에서 김주원에 의해 참수되었다.

『신증동국여지승람』「청송도호부 고적」조에 "송생 폐현에 주방산성이 있다. 돌로 쌓았고 그 둘레가 1,450척이며 삼면은 하늘이 만든 천험(天險)이다"라는 기록이 있다. 조선시대 기록을 보면 같은 위치에 있는 산성을 자하성(紫霞城)이라고 한 기록이 자주 나와 마치 주방산성과 자하성이 별개인 것처럼 보이나 사실은 같은 것이다. 산성이 지나가는 성재를 고려시대 때는 자하동이라고 불렀기 때문에 그 이름을 따서 자하성이라고 불렀는데 주방산성으로 통일하여 사용하여야 할 것이다.

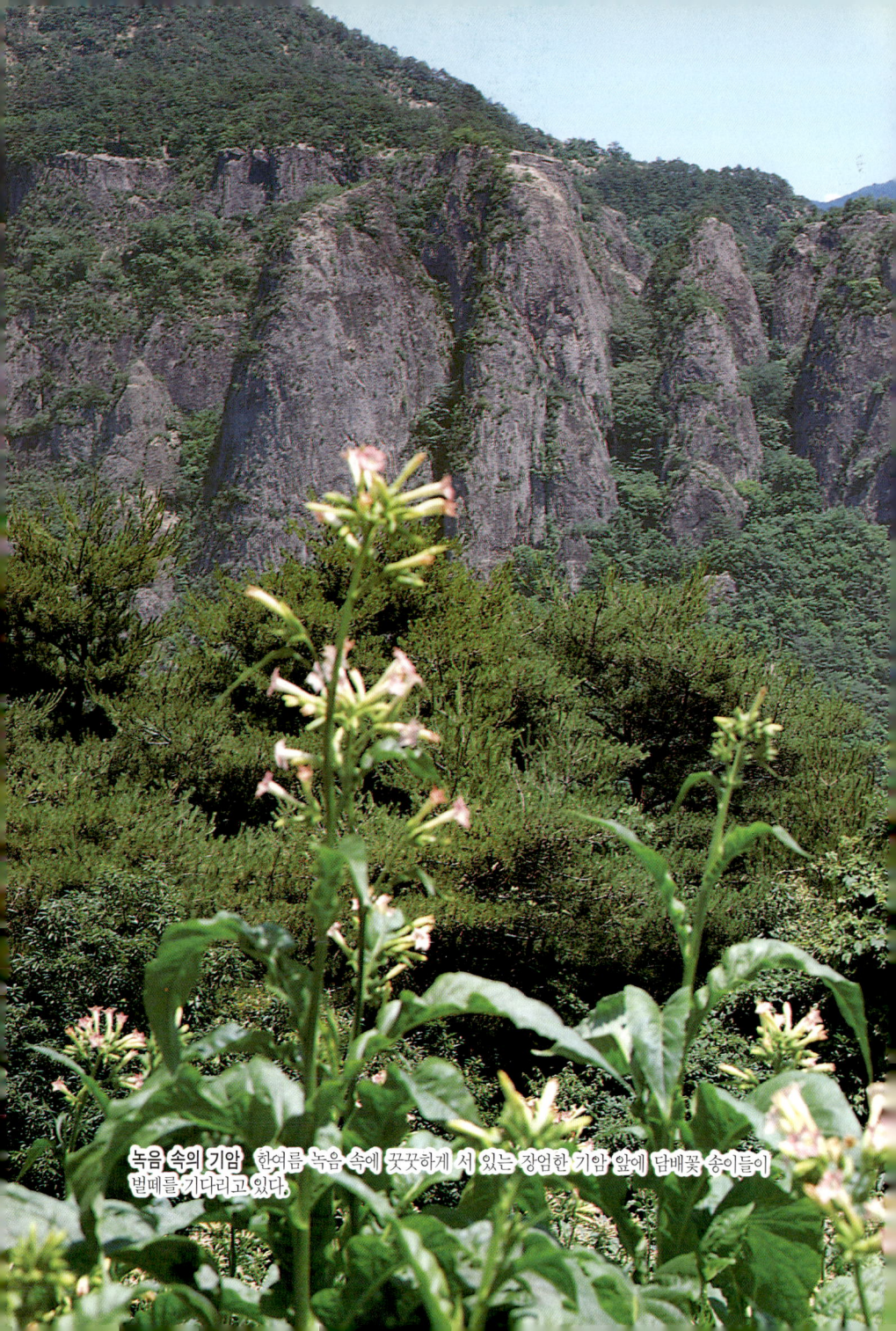

녹음 속의 기암 한여름 녹음 속에 꿋꿋하게 서 있는 장엄한 기암 앞에 담배꽃 송이들이 벌떼를 기다리고 있다.

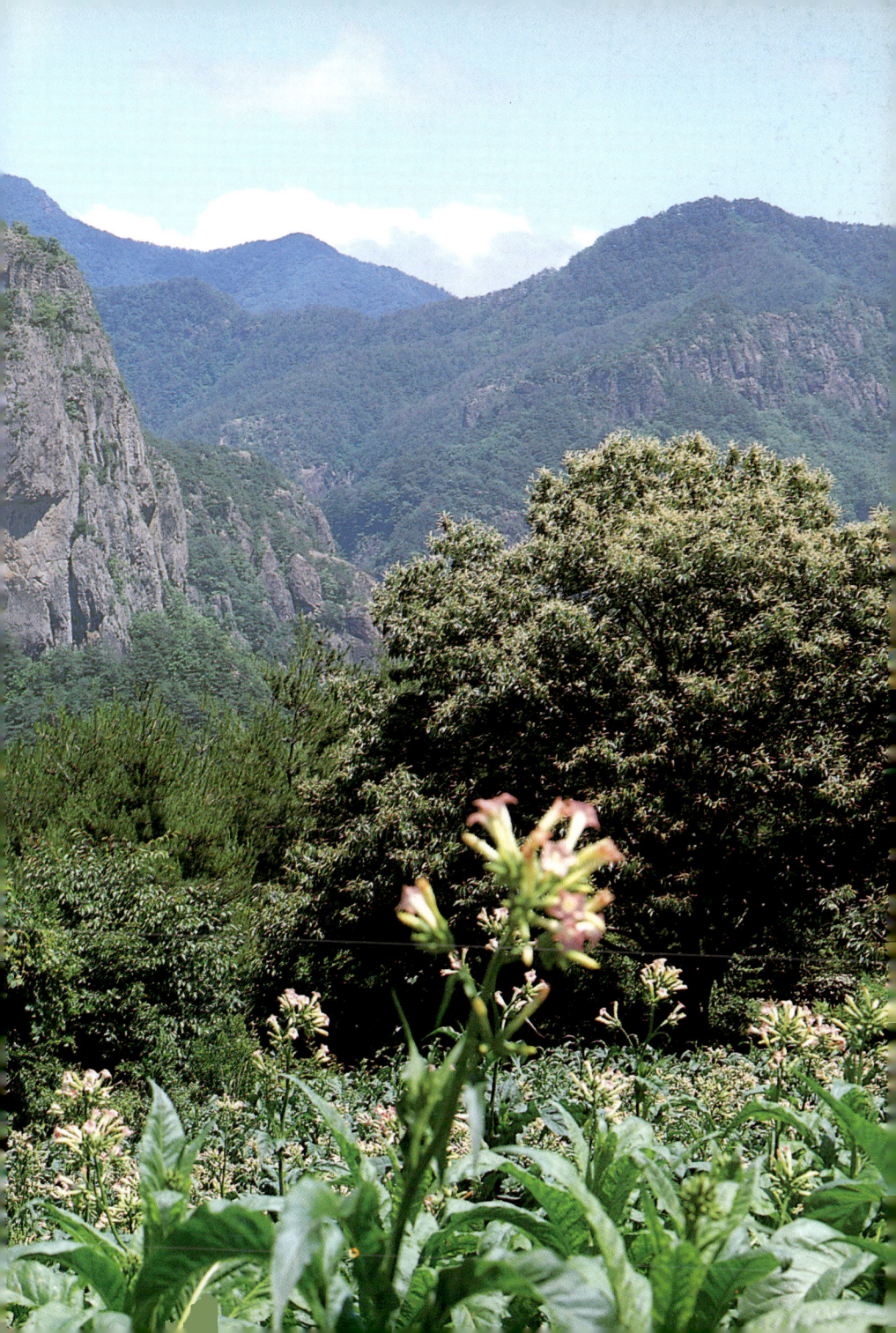

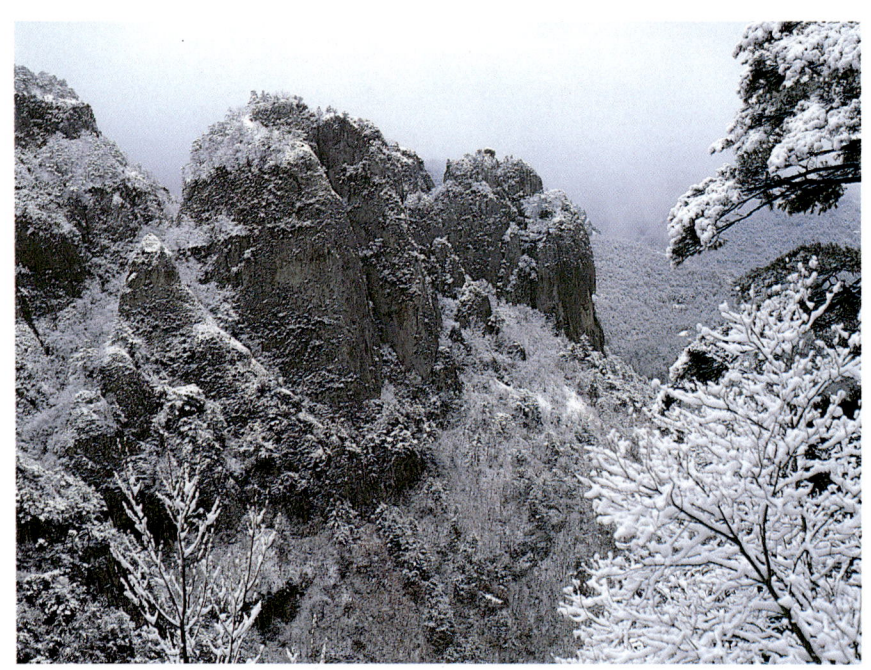

눈꽃으로 장식한 기암 이마바위 뒤에서 바라본 하얀 눈을 뒤집어쓴 겨울 기암의 모습이 아름답다.

기암과 장군암

주왕산에 들어서면 정면에 가장 먼저 보이는 바위가 기암이다. 주왕이 은거할 당시 싸움이 시작되면 이 바위 봉우리에 깃발을 꽂아 놓고 아군에게 신호를 보낸 데서 연유한 이름이다. 기암은 세 개의 큰 바위로 되어 있는데 깃발을 꽂은 바위는 정면에서 오른쪽 봉우리이다. 이 봉우리에 올라서면 상의리는 물론 주왕암 뒤 나한봉과 궁터, 그리고 석름봉의 왕거암까지 훤히 보인다. 주방산성 싸움 당시 이곳은 전방 각루(角樓) 역할을 하며 전방 상황을 주왕암 본부와 후방 지역까지 신속하게 연락하였다. 그 증거로 기와 조각과 숯덩이가 바위 틈에서 출토되기도 하였다.

장군암(將軍巖)은 기암 건너 대전사 뒤 동암능선 위에 있는 바위를 말한다. 이 바위 밑에는 매우 넓은 평지가 있어 주왕이 전방 진지로 삼고 진을 쳤다고 하며 바위는 주왕의 장수가 지휘를 하는 장대(將臺) 역할을 하여 장군암이라고 부른다.

　　지금은 광암사(光庵寺) 뒤에 있는 바위를 장군암이라고 부르는데 이는 잘못된 명칭으로 이 바위의 원래 명칭은 이마같이 생겼다 하여 이마바위 또는 액암(額巖)이다. 원래의 명칭을 찾아주어야겠다.

　　기암 밑 등산로 옆 하천에는 뒤로 돌아서서 다리 사이로 돌을 던져 바위 위에 얹히면 아들을 낳는다는 전설이 전하는 아들바위가 있다. 그 아들바위 밑 하천에 있는 와룡암(臥龍巖)은 용이 승천을 하지 못하고 바위가 되었다는 전설이 전한다.

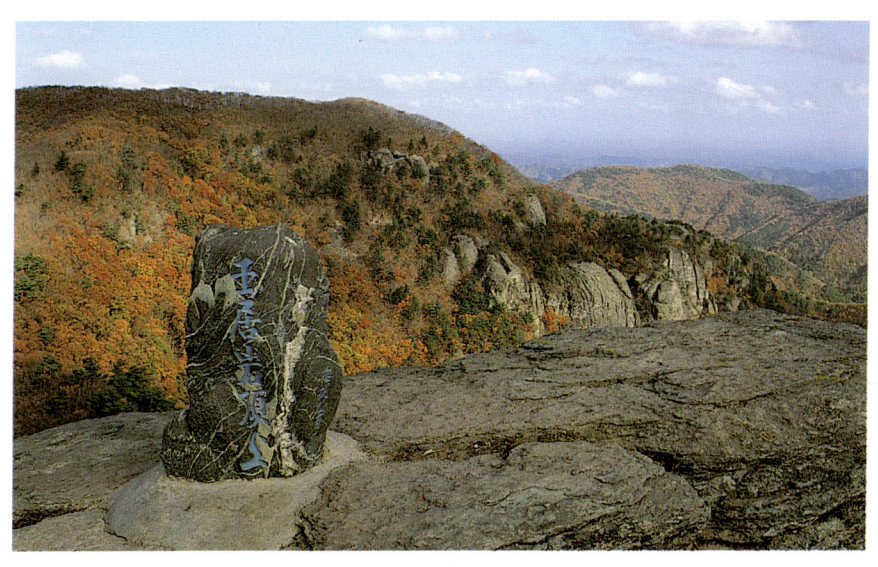

왕거암 주왕산의 중앙에 위치한 석름봉 정상에 있는 바위. 이곳을 올라서면 몸이 공중에 뜬 기분이 들면서 환호성이 저절로 터져 나온다.

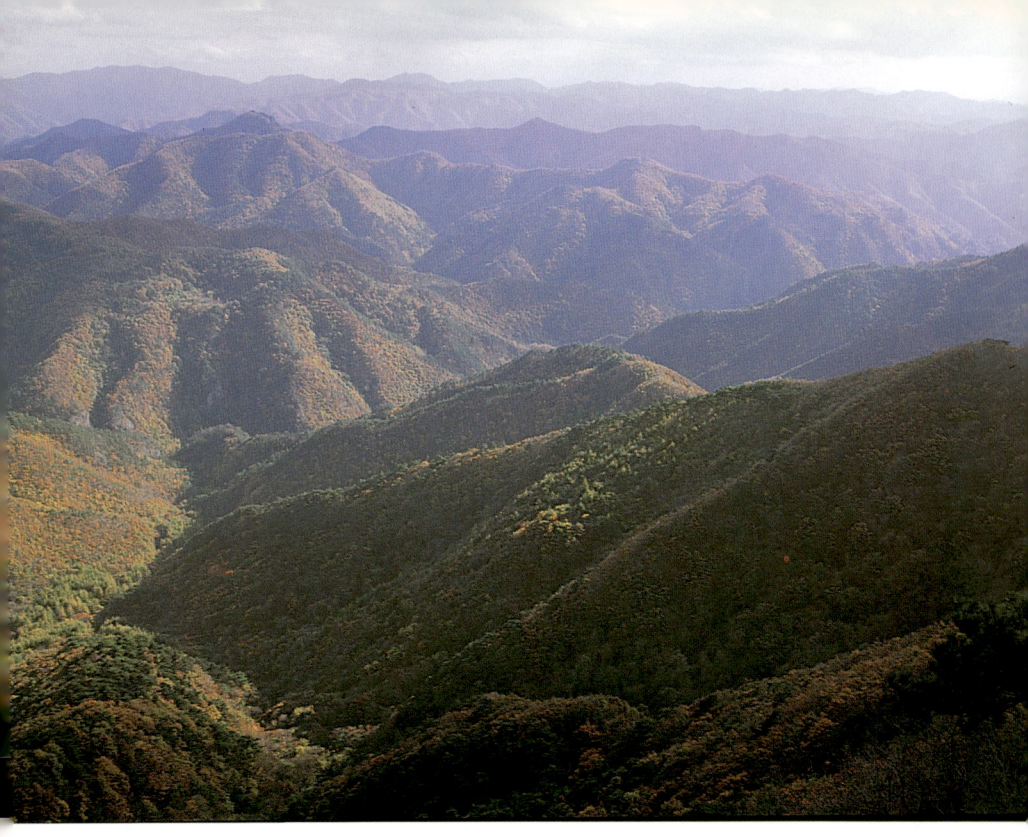

왕거암에서 바라본 남쪽 능선

석름봉

석름봉은 내원동 앞에 있는 해발 882.7미터의 산이다. 이 산의 이름은 주왕사적에 나오는데 김범문이 산 정상에 살면서 명명한 것으로 생각되며 주왕산에 남아 있는 지명 가운데 가장 오래된 것이다.

이 산의 정상에는 왕거암이라는 바위가 있는데 김범문이 3년 동안 봉화를 호응하기 위해 살았던 곳이다. 이 석름봉은 주왕산의 중심에 위치하여 조망이 가장 좋고 맑은 날이면 영덕 강구 앞바다의 일출을 볼 수 있다. 정상에는 자연석으로 만든 통일기원탑이 있는데 1979년 한 산악인이 남북통일을 기원하며 쌓았다고 한다.

산제당과 가메바위

산제당(山祭堂)은 내원동 앞에 있으며 석름봉의 한 줄기이다. 김범문이 왕거암 궁터에 살 때 이곳에서 산신제를 지냈을 것으로 생각된다. 산의 모양은 삼각뿔 모양으로 경사가 급하고 정상은 한 평 정도 되는데 자연석으로 쌓아 놓은 제단이 있다.

옛날부터 산제당은 주왕산의 성지로 사람들의 출입을 삼갔을 뿐 아니라 일제시대 때 목탄을 생산하면서도 이곳은 벌채 대상에서 제외시켰다. 특히 내원동 사람들이 신성시한 곳으로 큰일을 계획하거나 어려운 일을 당하게 되면 산 닭을 제물로 바치고 제사를 올렸다. 산제당에서 제사를 올리는 사람은 반드시 이 산 밑에 있는 복구골[福求谷]에서 목욕재계를 하였다고 한다. 이곳은 주왕산에서 산림이 가장 울창한 곳으로 원시림이 지금까지 유지되고 있는 곳이다.

가메바위는 산제당 중턱에 있는데 가마를 닮았다 하여 이렇게 부르며 내원동에서 바라보면 앞산 위에 있다.

두고개와 칼등고개

두고개는 내원동 뒤에 있으며 영덕군과 경계에 있는 고개로 해발 815미터이다. 이곳에서 김신의 군대가 두 곳으로 갈라저 진군하였다 하여 두고개라고 부른다.

주왕사적의 기록에 의하면 김신의 군사가 처음에는 정면 공격을 수차례 시도하였지만 난공불락의 주방산성을 지키고 있는 김헌창의 군사를 이기지 못하였다. 그래서 작전을 바꾸어 협공 작전을 펴게 되는데 주력부대인 김신과 이성, 오성은 삼위동(지금의 상의리, 하의리)을 지키면서 정면 공격을 계속하고 후방 부대인 삼성과 사성을 둘로 나누어 후면과 측면을 치도록 하였다.

이에 삼성과 사성은 청송군 진보면을 거쳐 영덕군 지품면 기사리로 돌아가서 두고개를 올라 거기에서 서로 갈라져 삼성은 도솔봉을 거쳐 측면인 성재로 진군하고 사성은 은장도봉을 거쳐 후면인 대궐령(팔각산)으로 진군하였다.

이렇게 하여 3일 만에 삼성이 성재를 점령하고 사성이 대궐령을 점령하여 진을 침으로서 김신 장군의 협공 작전이 성공을 거두게 되었다. 전세가 역전된 김헌창의 군사는 궁지에 몰리게 되고 김신의 군사는 승기를 잡게 되었다.

칼등고개는 제2폭포에서 주왕산으로 가는 능선에 있으며 해발 713.6미터의 고개이다. 이곳은 대궐령에 있던 사성의 군사들이 김헌창을 사로잡던 날 몰래 진을 친 곳이다.

협공 작전을 시작한 김신은 포위망을 압축하면서 공격의 기회를 엿보고 있다가 이날, 대궐령에 있던 사성의 군사를 칼등고개로 전진 배치시키고 성재에 있던 삼성과 삼위동을 지키고 있던 오성이 야간을 이용하여 일시에 공격토록 하는 기습 작전을 성공시킴으로써 김헌창의 군사는 저항할 사이도 없이 주왕굴에서 최후를 맞이하게 되었다.

주왕사적에는 장수들의 이름을 가명으로 기록하였는데 이들이 누구를 말하는지 알아내는 것이 앞으로의 연구과제이다. 당시 주방산성 싸움에 참가한 김신(마일성) 장군의 형제들인 이성, 삼성, 사성, 오성은 명주군왕 김주원이 거느린 장수들이었으므로 이들은 실제로도 혈연 관계인 듯하다.

부왕골과 분지

부왕골〔北王谷〕은 백련암(白蓮庵)에서 광암사 밑으로 하여 월명목으로 가는 계곡 즉 기암과 이마바위 사이를 말한다. 전설에 의하면 대전 도군이 주왕의 시체를 화장한 곳이라고 하는데 부왕골에 있는 범굴이라는 자연동굴에서 주왕의 시체를 화장하였다고 한다. 범굴은 부왕골

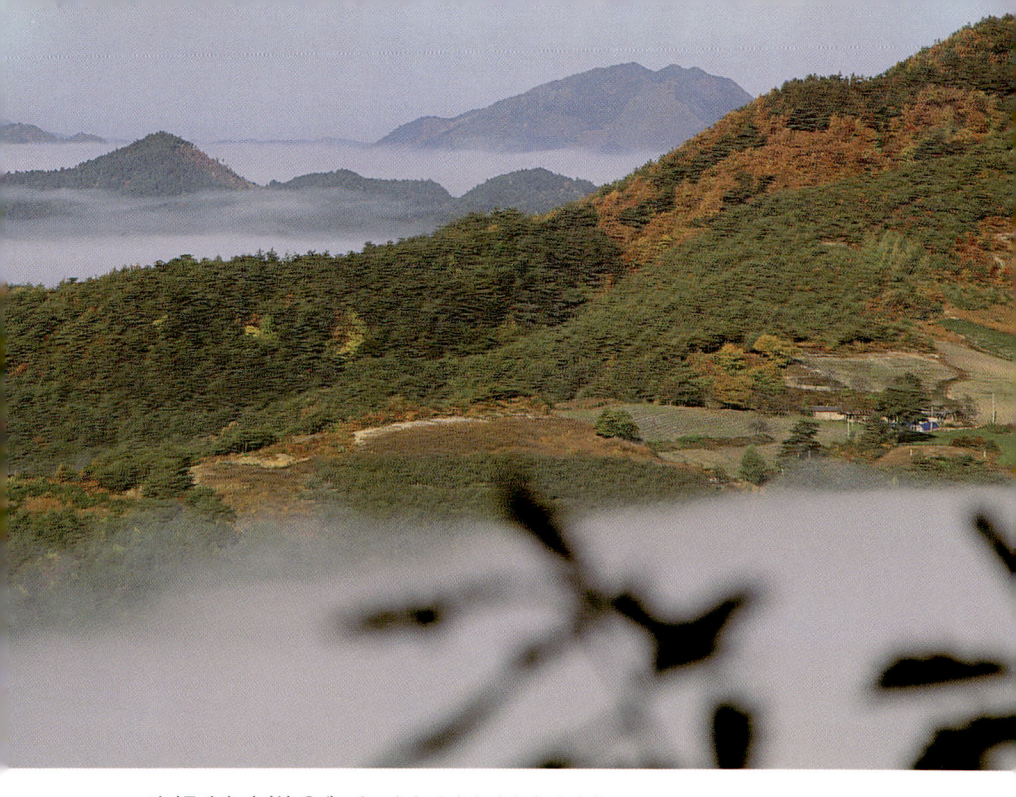

청련등에서 바라본 운해 아스라이 새절재 마을이 보인다.

좌측 계곡에 있으며 원통형의 깊은 바위굴이다.

분지(墳地)는 너구동 생바위에서 새밭목으로 가는 등산로에 있다. 대전도군이 주왕의 묘를 쓴 곳 즉 분묘지지(墳墓之地)라 하여 분지라고 부르는 이곳은 1960년대 화전민들이 살았으나 지금은 모두 떠나고 주인 없는 과일나무와 잡초만 무성하다. 주왕사적의 기록에 의하면 김범문은 아버지 김헌창이 죽자 머리 없는 시신을 거두어 주왕산에 와서 장례를 치렀고 주왕산 북쪽에 묘지를 썼다고 한다. 나중에 김범문이 낭공 대사[崔行寂], 낭원 대사[金開淸], 진철 대사[金利嚴]에게 아버지의 산소를 안내해 주었다는 기록으로 보아 김헌창의 묘가 있었던 곳이 분지였을 것으로 생각된다.

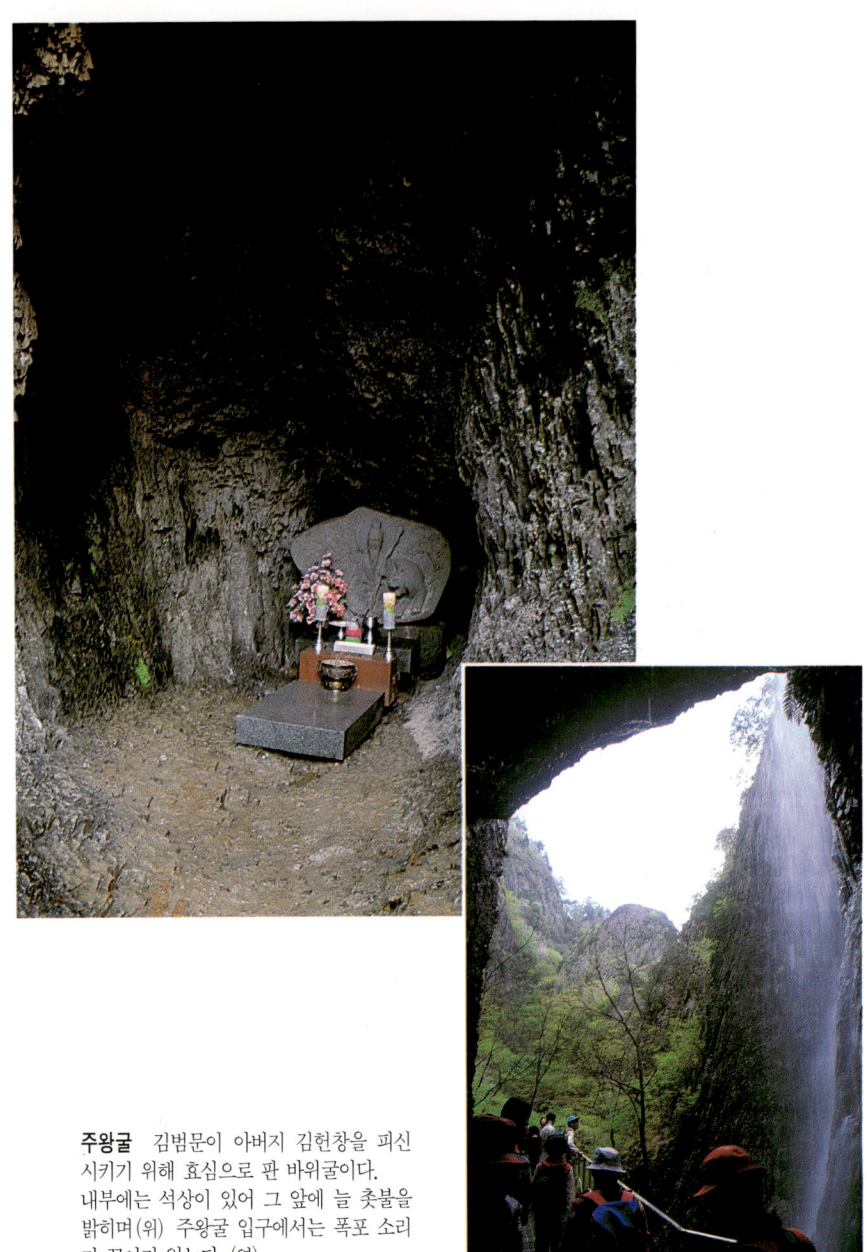

주왕굴　김범문이 아버지 김헌창을 피신
시키기 위해 효심으로 판 바위굴이다.
내부에는 석상이 있어 그 앞에 늘 촛불을
밝히며(위) 주왕굴 입구에서는 폭포 소리
가 끊이지 않는다. (옆)

주왕굴과 무장굴

주왕굴은 주왕암에서 높은 바위 틈새로 들어간 곳에 있다. 이 굴은 깊이 9미터, 높이 3미터 정도의 인공굴로 김범문이 아버지 김헌창을 피신시키기 위해 직접 만들었다고 전한다. 주왕사적에서는 이곳을 옥정(玉井)이라 불렀다.

김헌창과 김범문은 마지막 순간까지 이 굴속에서 저항하다가 결국 김신의 군사들에게 김범문을 제외한 모두가 생포되었다.

옛날에는 이 굴 안에 영탱(影幀)이 한 점 놓여 있었는데 최근에 주왕암 산령각으로 옮겨지고 이 자리에는 석상을 놓았다. 이 영탱은 주왕암 창건 당시에 그려져 이 굴속에 놓였을 것으로 보이며 김헌창을 상징하는 것으로 생각된다. 굴속에는 늘 촛불이 켜져 있고 굴 입구에는 폭포 소리가 끊이지 않는다.

무상굴은 주왕임 진입로에서 오른쪽으로 400미터 정도 산허리를 타고 나가는 곳에 있는 암벽에 뚫린 높이 3미터, 폭 2.6미

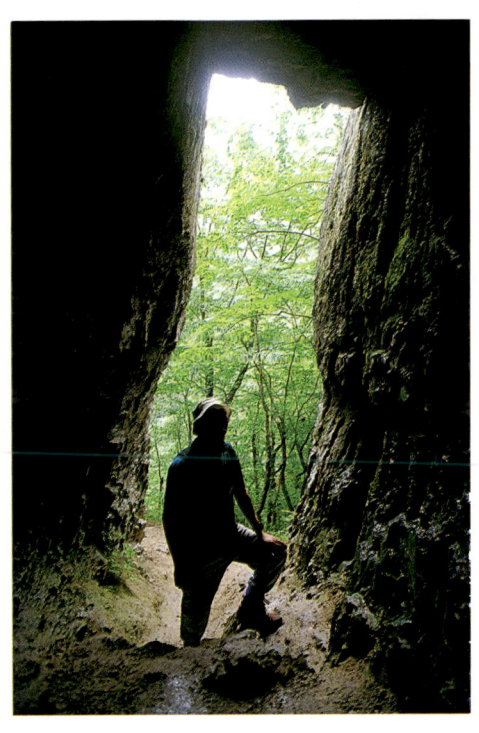

무장굴 주왕의 군사가 무기를 숨겨 놓았던 곳이라는 전설이 있다.

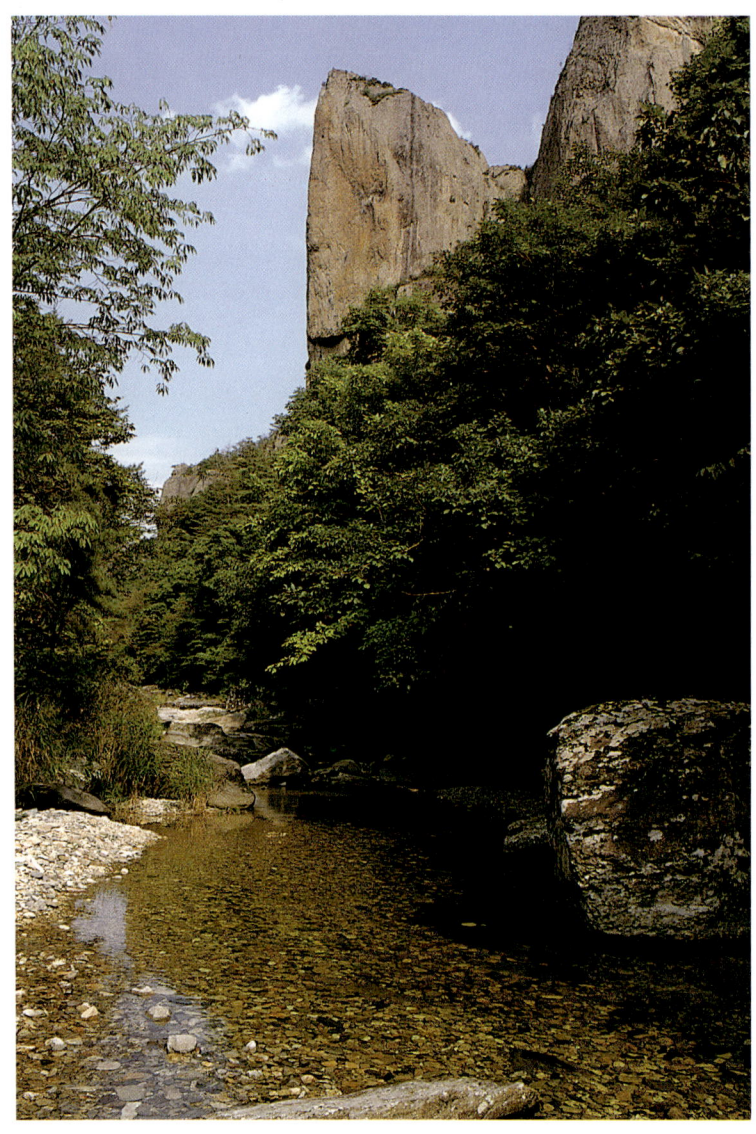

급수대 금방이라도 넘어질 듯 깎아지른 바위 뒤에는 김헌창이 피란하였던 궁터가 있다. 주왕이 피란할 때 물을 길러 올랐다는 전설이 있다.

터, 길이 16미터의 바위굴이다. 주왕의 군사가 무기를 숨겨 놓았다는 전설에서 유래한 이름으로 굴 옆의 높은 바위에서 떨어지는 물을 마시면 영리해지고 재주가 생긴다 하여 조선시대에는 총명수(聰明水)라고도 불렀다.

궁터

주왕산에는 급수대 뒤와 석름봉 정상 왕거암 뒤, 이렇게 두 군데에 궁터가 있다. 이 궁터들은 주방산성을 쌓을 때 지은 것들로 급수대 궁터는 진성에 살고 있던 김헌창의 피란처로 일종의 행궁(行宮)과 같은 곳이었으며 왕거암 궁터는 김범문이 진성과 통하는 봉화를 호응하기 위해 살던 곳이었다. 이들 궁터 주위에서는 기와 조각이 출토된다.

큰골과 금은광이골

큰골과 금은광이골은 청송읍 거대리 샘골 안에 위치하고 있다. 금은광이란 이름은 일제시대 때 이 계곡 위에 금은광산이 있었다고 하여 붙어졌다. 큰골 입구에는 촛대바위가 높이 솟아 있으며 이 바위 밑에는 촛대굴이라는 자연동굴이 있다.

조금 안쪽으로 들어가면 뼈바위와 뼈바위골이 나오는데 호랑이가 살았던 곳이라고 한다. 호랑이가 짐승을 잡아먹고 남긴 뼈다귀가 이 계곡 바위 위에 널려 있었다고 해서 붙여진 이름이다. 뼈바위골 입구에는 범소라는 바위로 된 웅덩이가 있는데 범이 목욕을 하였다고 하여 붙여진 이름이다. 전설을 뒷받침이라도 하듯 일제시대 때 이 뼈바위골에서 호랑이를 잡았던 이야기가 아직도 생생히 전해 온다. 뼈바위골에서 조금 안쪽의 좌측 계곡으로 들어가면 북암터가 나오는데 김범문이 826년부터 15년 동안 살았던 곳이다.

금은광이골로 계속 들어가면 작은 폭포 두 개가 나란히 나오는데 바

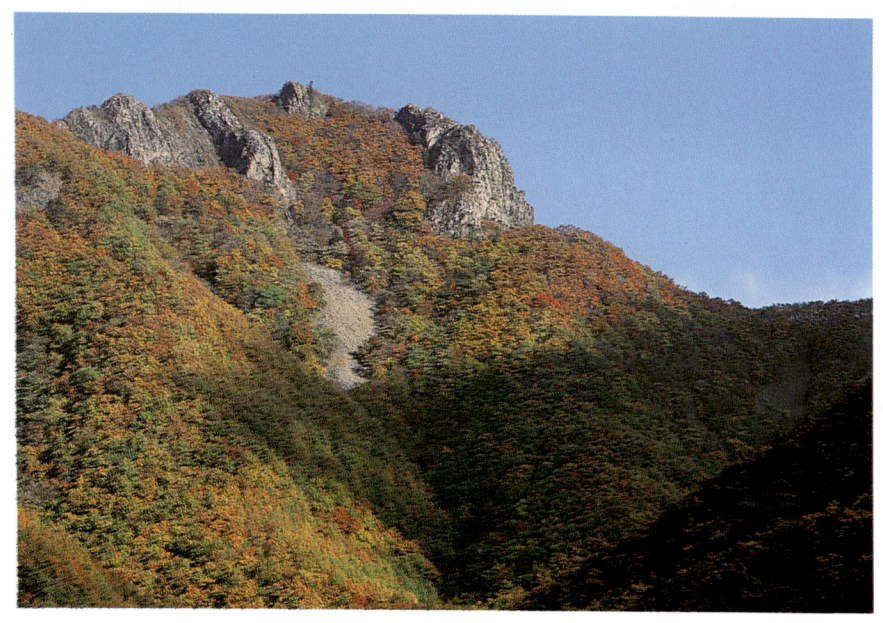

주산지에서 바라본 별바위 군데군데 솟은 바위와 흘러내릴 듯 자라난 나무들이 적절한 조화를 이루고 있다.

끝쪽의 것을 은폭포, 안쪽에 있는 것을 금폭포라 부른다. 이 두 개의 폭포는 계곡 깊숙이 있어 눈에 잘 띄지 않지만 아담하면서도 아름답다. 은폭포는 물이 떨어지는 바닥의 웅덩이가 깊은 것이 특징이며 금폭포는 큰 원통같이 생긴 바위 속에 있는 것이 특징이다. 이 폭포들은 물이 적은 것이 흠인데 비 온 후나 장마철이면 그 참모습을 볼 수 있다.

별바위와 주산지

별바위는 부동면 이전리 주산지에서 정면으로 보이는 봉우리이며 성암(星巖)이라고도 한다. 이 바위에 얽힌 전설이 있는데 한 선비가 과거 시험을 보기 위해 한양으로 가던 중 이 바위 근처에 다다르니 날이 저물기 시작하였다. 걸음을 재촉하여 이 재를 넘어가다가 우연히 바위를

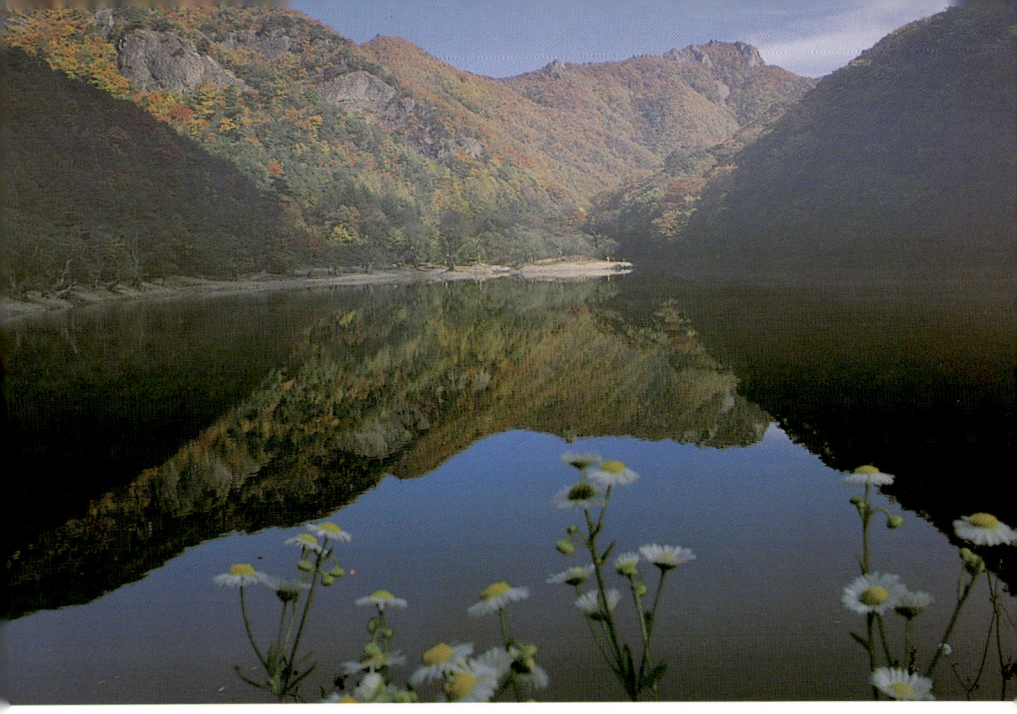

가을의 주산지 가을을 가득 담고 있는 수면에 들국화 몇 송이가 금상첨화(錦上添花)를 이루고 있다.

쳐다보니 바위 사이에 별이 떠 있었다. 선비는 이 별을 보고 소원을 빌었고 그 후 소원대로 과거에 합격하였다. 그때부터 마을 사람들은 이 바위를 별바위라 부르며 소원을 빌었다고 한다. 이 별바위는 겨울 설경이 특히 아름답다.

주산지(注山池)는 주산계곡에 있는 저수지로 1720년(경종 원년) 8월에 착공하여 이듬해 10월에 완공하였다. 하류 지역의 가뭄을 막기 위한 것으로 주산계곡의 자연경관과 어우러져 아름다운 호수가 되었다. 특히 호수 주위에는 고목 왕버드나무가 물에 잠길 듯 늘어서 있어 호수의 아름다움을 더한다.

이 주산지와 별바위는 너무나 잘 어울려 별바위가 주산지를 위해 있는 듯 주산지가 별바위를 위해 있는 듯하다. 잔잔한 주산지의 맑은 수면 위에 별바위의 웅장한 모습이 잠길 때면 물 속이 바깥세상인양 바깥세상이 물 속인양 착각을 일으킬 정도이다.

이곳의 경치는 봄의 신록과 가을의 단풍이 가장 좋다. 주산지 둑 옆에는 작은 비석이 서 있는데 주산지의 축조에 관한 내용이 새겨져 있다. 이 비석에는 축조 당시 유공자들의 이름과 공사 기간에 관한 기록, 그리고 다음과 같은 글이 희미하게 새겨져 있다.

정성으로 둑을 막아 물을 가두어 만인에게 혜택을 베푸니 그 뜻을 오래도록 기리기 위해 한 조각 돌을 세운다

一障貯水 流惠萬人 不忘千秋 維一片碣

배바위

학소대 건너편 바위 길이 있는 곳에 위치한다. 이 배바위에는 제1폭포를 우회하는 바위 길이 나 있는데 이 바위를 올라갈 때는 배를 바위에 붙이고 올라가야 한다고 배바위 즉 복암(腹巖)이라고 하며, 손바닥을 붙여서 올라가기도 하므로 착수암(着手巖)이라고도 한다.

제1폭포로 가는 진입로가 지금은 콘크리트 교량으로 건설되어 있지만 전에는 통나무 다리여서 이 통나무 다리가 떠내려가면 배바위로 우회하여야만 하였다. 이 배바위에는 송아지를 업고 오르던 일, 달구경하던 일 등 많은 사연이 전해 내려오는데 그 가운데 시집온 새색시에 대한 이야기가 있다.

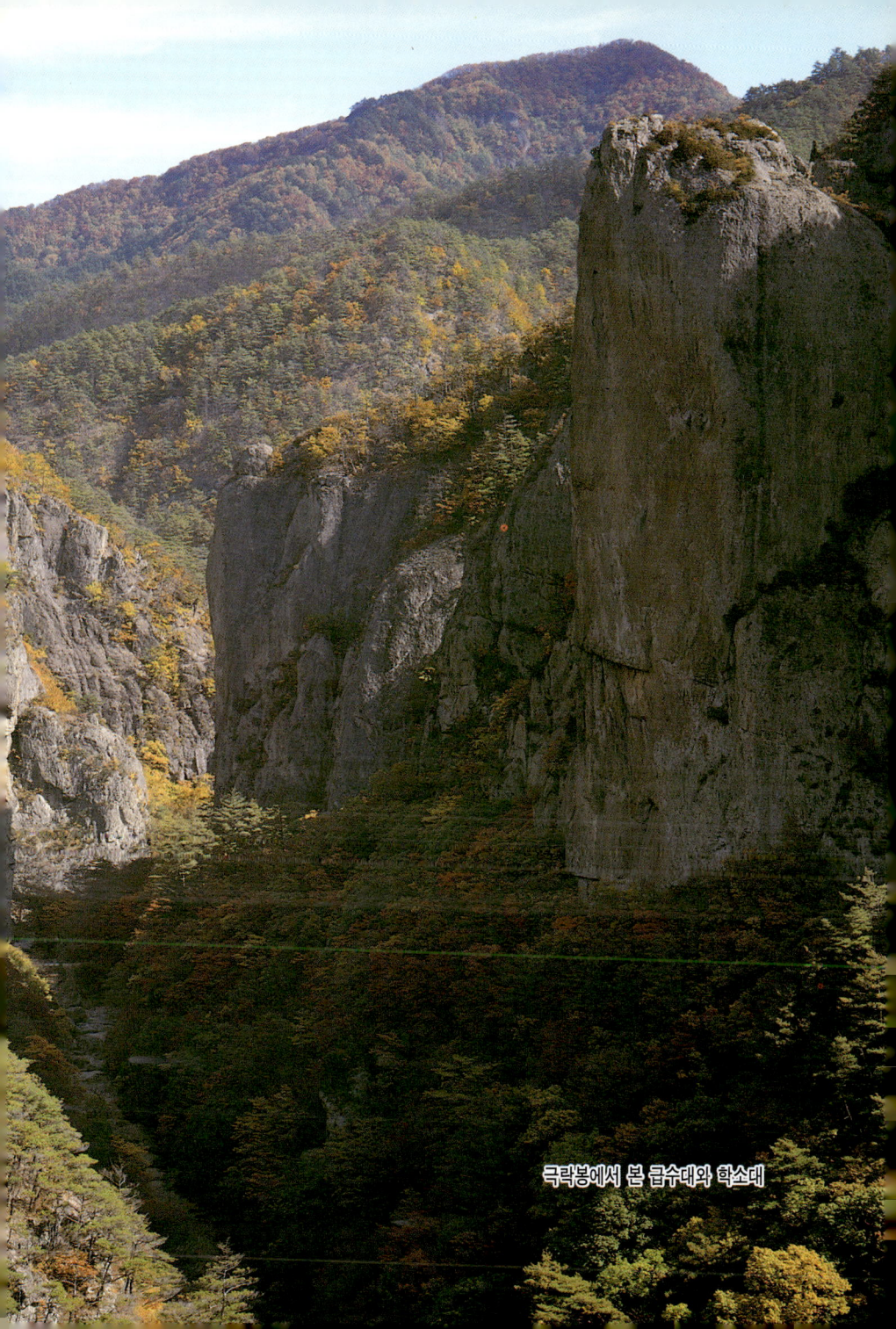

극락봉에서 본 급수대와 학소대

옛날에는 혼인을 할 때 결혼 당사자의 의사와는 상관없이 중매쟁이의 말만 믿고 양가 어른들이 모두 결정하였다. 그래서 얼굴도 동네도 모르는 내원동 총각에게 시집온 새색시가 친정에서 혼례를 치르고 친정아버지와 함께 신랑을 따라 이 배바위를 올랐다.

신랑은 평소 숙달된 솜씨로 이 바위를 쉽게 올라갔으나 부녀는 쉽게 오를 수 없었다. 밀고 당기고 하여 간신히 배바위 정상에 올라선 부녀는 부둥켜안고 한없이 울었다. 중매쟁이의 술 한 잔에 속아 딸을 시집 보낸 친정아버지의 후회의 눈물과 앞으로 살아갈 새색시가 흘리는 원망의 눈물이었다. 부녀의 울음에 하늘을 나는 학소대의 청학, 백학도 같이 울었다 한다.

이 배바위는 조선시대까지 이용되었으나 일제시대 때 목탄을 실어내기 위한 통나무 다리를 가설하면서 이용이 중단되었다. 그 후에는 통나무 다리가 유실되었을 때 비상도로로 가끔 이용되었으나 1974년 현재의 콘크리트 교량이 건설되면서는 그나마도 완전히 중단되었다. 지금은 내원동 사람들의 많은 애환을 간직한 채 군데군데 석축과 바위 길만이 남아 있다.

폭포

주왕산에는 여기저기 아름다운 폭포가 있다. 특히 달기폭포(월외폭포)와 제1, 2, 3폭포는 주왕산의 아름다움을 한층 뽐내고 있다.

주방천 계곡 학소교 건너에 제1폭포가 있다. 조선시대 때는 외용추(外龍湫), 용추폭포(龍湫瀑布) 또는 비로봉폭포(毗蘆峰瀑布)라고 불렀다. 기록에 의하면 폭포 입구에 기우제를 지내는 제단이 있었다고 하며 바위가 둥글게 깎여 마치 목욕탕처럼 생겨서인지 선녀가 하늘에서 내려와 목욕을 하던 곳이라는 전설이 있는 선녀탕과 아홉 마리의 용이 살았다고 전하는 구룡소가 폭포 위쪽으로 자리하고 있다.

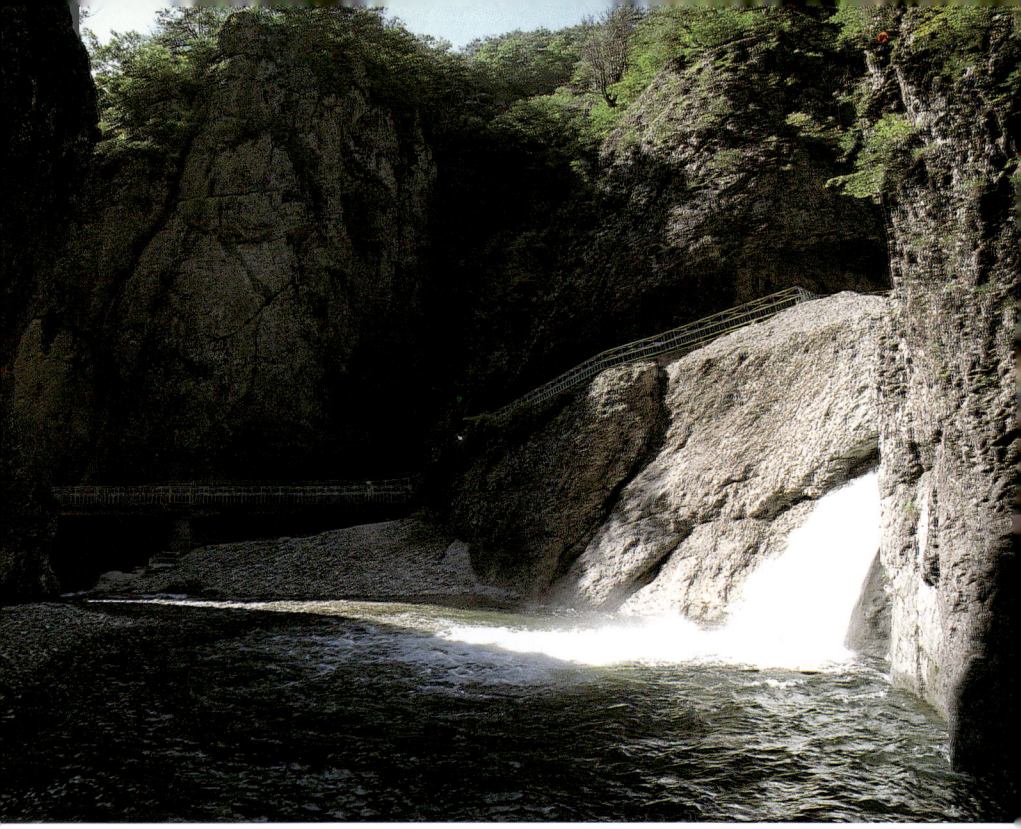

제1폭포 힘차게 쏟아지는 계곡물이 장관이다.

제1폭포는 선녀탕과 구룡소를 돌아나온 계곡물이 새하얀 포말을 내뿜으며 돌허리를 타고 힘차게 쏟아져 내려 자그마한 소를 이루고 그 앞에 작은 모래밭과 자갈밭을 형성하여 아름다움을 더한다. 겨울철의 겹겹이 얼어붙은 빙경 또한 볼 만하다.

제2폭포는 제1폭포에서 1킬로미터 지점에 있으며 대피소에서 우측 계곡으로 들어가 있다. 조선시대 때는 중용추(中龍湫) 또는 절구폭포라고 불렀다. 사창동과 훈련목 계곡에서 흘러나온 계곡물이 처마처럼 생긴 바위에서 떨어져 절구처럼 생긴 바위에 담겼다가 다시 낮은 바위를 타고 쏟아진다. 폭포 주위에 볼 만한 나무가 많다.

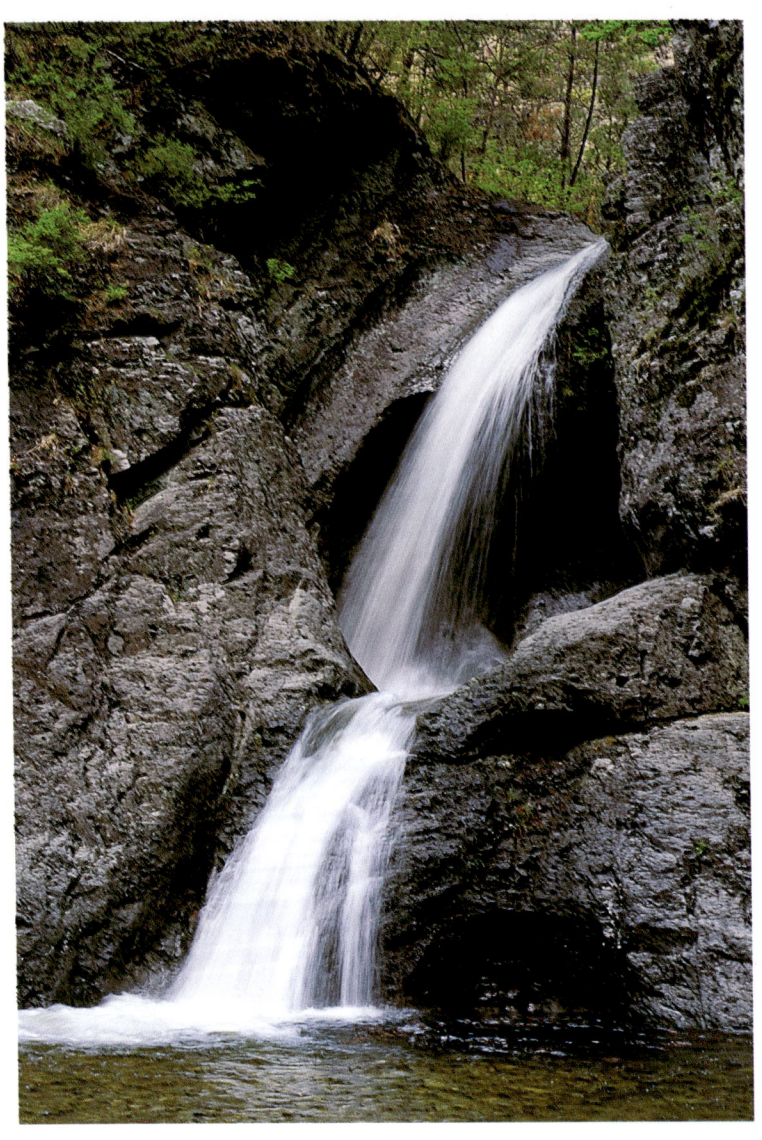

제2폭포 사창동 입구에 있는 폭포로 처마처럼 생긴 바위에서 떨어져 절구처럼 생긴 바위에 담겼다가 다시 낮은 바위로 흘러내린다.

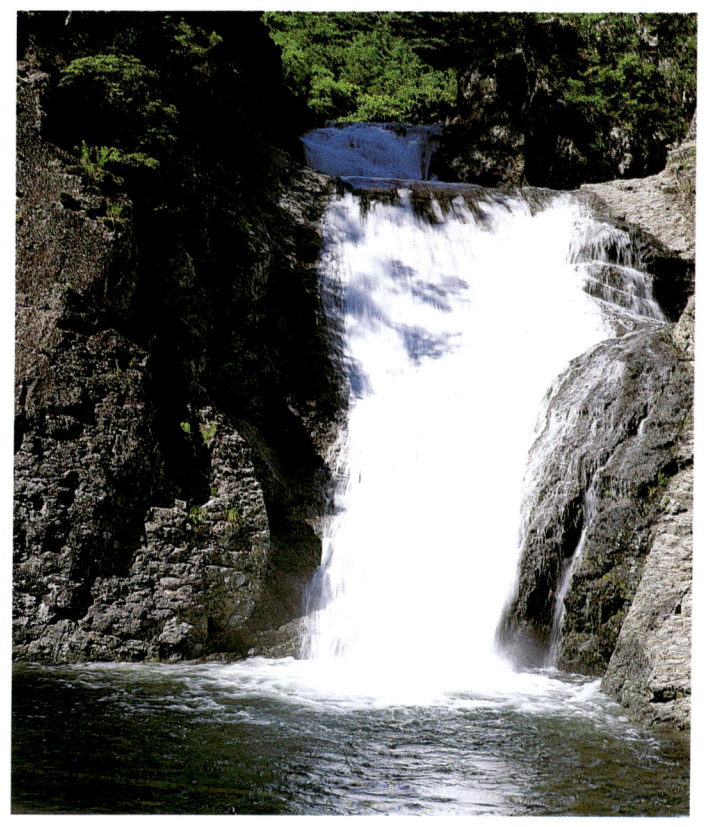

제3폭포 용이 살았다는 전설이 있는 폭포로 금방이라도 물 속에서 용의 머리가 솟아오를 듯하다.

제3폭포는 제1폭포에서 내원동으로 가는 쪽으로 1.2킬로미터 지점에 있다. 주왕산 폭포 가운데 가장 깊숙한 계곡에 있으며 2단 폭포이다. 조선시대 때는 내용추(內龍湫) 또는 용연폭포(龍淵瀑布)라고 불렀다. 이 폭포는 영덕 강구 앞바다와 통하고 있으며 용이 살았다는 전설이 있다. 내원동에서 흘러나온 계곡물이 낮은 바위를 타고 한 번 떨어져 잠

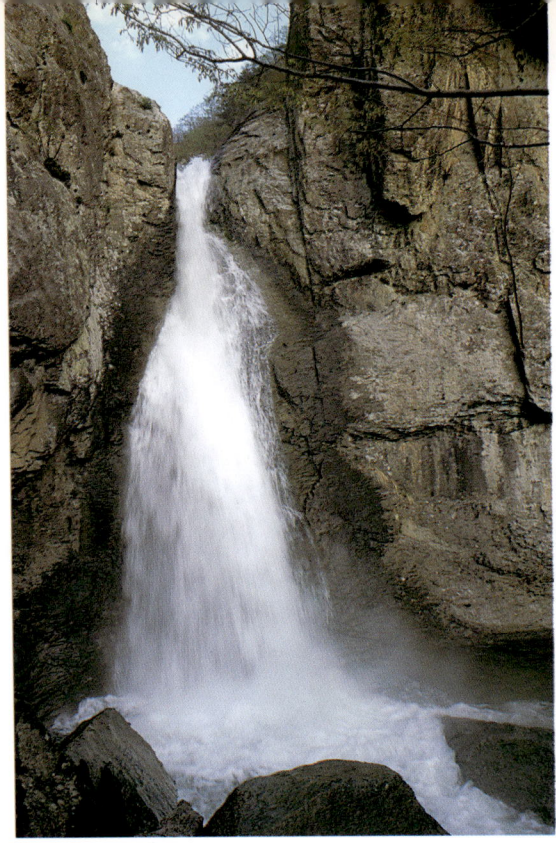

달기폭포 월외폭포라고도 불리는 주왕산 제일의 폭포로 물이 떨어지는 힘과 소리, 모습이 보는 이의 넋을 빼앗는다.

시 머물다가 다시 힘차게 쏟아져 내린다. 안개 같은 물보라가 일 때면 무지개가 생기기도 한다.

또 달기약수터에서 월외리 쪽으로 5.2킬로미터 지점에는 조선시대에 낙연폭포(落淵瀑布)라고도 불린 달기폭포가 있다. 폭포소가 너무 깊어 명주실 한 타래를 다 풀어도 바닥이 닿지 않았다고 하며 용이 승천한 곳이라는 전설이 있다. 이 폭포는 일제시대 때 목탄을 실어내기 위해 자연경관을 훼손하였으며 특히 폭포소가 많이 메워져 원래 모습이 상실되는 아픔을 겪기도 하였다.

옥녀봉과 무동암

옥녀봉(玉女峯)은 대전사 뒤 청련등 건너편에 있으며 선녀가 내려와 놀았던 봉우리라 하여 옥녀봉이라 부른다. 옥녀봉 정상에서부터 아래로 내려오면서 줄지어 서 있는 바위 무리를 가리켜 무동암(舞童巖)이라 하는데 그 모습이 아이들이 줄을 서서 춤을 추는 것 같다고 하여 붙여진 이름이다.

바위와 나무, 꽃이 적절한 조화를 이루고 있어 계절의 변화가 가장 뚜렷한 옥녀봉은 아름다운 옥녀의 품안에 천진난만한 어린아이들이 춤을 추고 있는 듯한 모습을 간직한 여성다운 산이다.

대궐령

영덕 청련사(靑蓮寺) 뒤쪽에 있으며 주왕이 대궐을 지으려 하였다고 하여 대궐령이다. 주왕사적에서는 이 봉우리를 팔각산(八角山)이라 불렀으며 마사성 장군이 점령하여 협공 작전시 후방 진지로 이용하였던 곳이다. 따라서 현재 영덕군 달산면에 있는 팔각산은 잘못 붙여진 이름으로 지금의 주왕산 대궐령은 팔각산으로, 영덕 팔각산은 달로산(達老山)으로 본래의 이름을 찾아야 할 것이다.

삼성굴

절골에서 왕거암으로 가는 등산로 오른쪽 계곡으로 왕거암 맞은편에 있는 애자바위〔厓紫巖〕 아래에 있다. 임씨, 조씨, 김씨 성을 가진 세 사람이 임진왜란 때 함께 이 굴에서 피란하였다고 하여 붙여진 이름〔三姓窟〕으로 마치 고인돌처럼 큰 바위가 비스듬히 괴어 만들어진 바위굴이다. 굴 안으로 물이 흐르고 바닥은 평평한 돌을 깔아 방같이 만들어 놓았다.

이 이야기는 실제 있었던 일이다. 임진왜란을 전후하여 임동과 조수

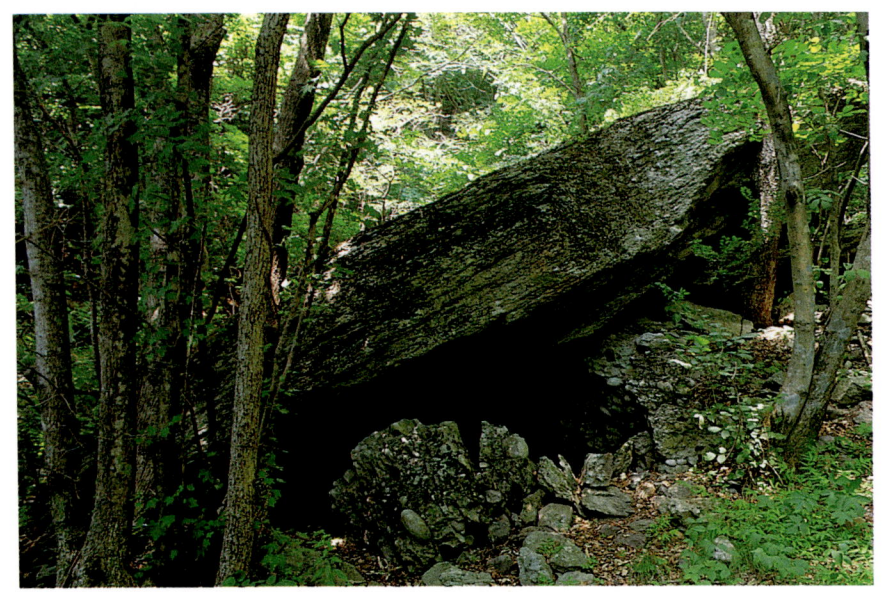

삼성굴 큰 바위가 비스듬히 괴어 지붕을 만들고 굴 안으로 물이 흐르며 바닥에 평평한 돌을 깔아 방같이 만들어 놓았다.

도(趙守道) 그리고 김현남(金賢楠) 세 사람이 주왕산에서 난을 피하기로 약속하였다. 임동은 주왕산에 사는 지리에 밝은 선비이고 조수도는 청송군 안덕면에서 온 선비였다. 김현남은 영덕군 달산면에서 왔으며 힘이 매우 세었다고 한다.

이 세 사람은 왕거암 밑에 있는 이 바위굴에서 난을 피하였는데 밥 말린 것으로 양식을 하고 명절이면 합동으로 차례를 지냈다. 이렇게 어려운 피란 생활을 하면서 서로 형제처럼 지내다가 임동은 그 자리에 눌러앉고 조수도는 청송군 안덕면 명당리로, 김현남은 영덕군 달산면 용전리로 돌아갔다. 그들이 돌아간 곳에는 지금도 이들의 후손이 집성촌을 이루며 살고 있고 각자 고향에 돌아가서도 살아 있는 동안 서로 정을 나누며 살았을 뿐 아니라 이들이 죽은 후에도 후손들에게까지 미담으로 전해졌다. 그 후 300여 년이 지난 1950년 세 문중의 대표가 모여 조상들의 뜻을 기리기 위해 추원계(追遠契)란 친목계를 만들었다. 당시 계안을 보면 일정액의 기금을 내어 적립하고 윤번제로 유사를 맡아 매년 입하(立夏)일에 모임을 갖도록 하였다. 이 계는 1977년까지 27년 동안 계속되었다.

갓바위 뒤평전과 장자 말바탕

갓바위 뒤평전은 영덕군 달산면 용전리 갓바위 뒤의 봉우리로 청송군과의 경계 지점이다. 이곳을 지품면 용덕리에서는 봉우리가 일자같이 평평하다고 하여 일자봉(一字峰)이라 부른다. 넓은 평지에 참나무를 비롯한 잡목과 잣나무가 많이 자라고 있다.

영덕군 달산면 용전리에서 갓바위 뒤평전으로 가는 산중턱에는 갓 모양을 닮았다는 갓바위가 있다. 전설에 의하면 옛날 어떤 선비가 주왕산에 구경하러 왔는데 주왕산의 아름다움에 취해 정신없이 돌아다니다가 이곳에 갓을 두고 간 것이 바위가 되었다고 한다. 갓바위 밑에는 마을이 있었으나 지금은 저수지이다.

장자 말바탕은 영덕군 지품면 기사리 내기사 뒤 장자봉 성상을 말하며 역시 청송군과의 경계 지점이다. 좁고 평평하며 긴 능선인데 전설에 의하면 어른과 아이들이 함께 말을 타고 놀던 곳이라 한다. 주왕산의 봉우리들은 대부분 정상 부분이 좁거나 뾰족하지만 이 두 곳만은 마치 들처럼 넓고 평평하다.

무시골의 불공터

영덕군 지품면 용덕 2리 절골 안 무시골 행상바위 밑에 있으며 옛날 어떤 선비가 불공을 드린 장소라 하여 불공터라 부르고 있다. 토담집을 지은 흔적이 남아 있으며 굴속에는 샘이 솟는다.

불공터는 행상바위 밑에서 절벽 위로 10미터쯤 올라간 곳에 위치한 원통같이 생긴 바위굴로 아들을 낳지 못하는 사람이 여기에 치성을 드리면 아들을 낳을 수 있다고 한다.

주춤바위골의 주춤바위

영덕군 지품면 기사리 내기사 주춤바위골 산중턱에 있는 주춤바위는 마치 두꺼비가 산을 기어올라가는 모양을 하고 있다. 전설에 의하면 중국의 진시황제가 만리장성을 쌓기 위해 가져가려고 이 돌을 들어올리는 순간 만리장성이 완공되었다는 연락이 와서 다시 그 자리에 두었다. 이때 바위가 한 번 주춤하였대서 주춤바위라 부르게 되었다고 한다.

굴바위골의 굴바위

영덕군 달산면 봉산리에 있는 이 굴은 굴바위골 마을 가까이에 있으며 처마처럼 길게 생겼다. 웅장하지는 않지만 굴바위골 마을 사람들에게는 소중한 장소이다. 이 굴은 굴바위골 사람들의 대피소로 마을에 위험이 닥쳐오면 모두 여기 모여 난을 피하였다. 특히 임진왜란과 한국전쟁 때는 이 굴을 자주 이용하였다고 한다.

달기약수터

청송읍 부곡리에 있는 이 약수터는 조선 철종 때 금부도사를 지낸 권성하(權成夏)가 낙향하여 청송읍 부곡리에 살게 되었는데 동네 사람들과 함께 수로 공사를 하다가 우연히 바위틈에서 솟아오르는 약물을 발견하게 되었다고 한다.

해방 직후 근처에는 세 가구 정도가 있었으나 1959년 사라호 태풍에 엄청난 피해를 입어 약수터 전체가 폐허가 되다시피 하여 사람들이 떠

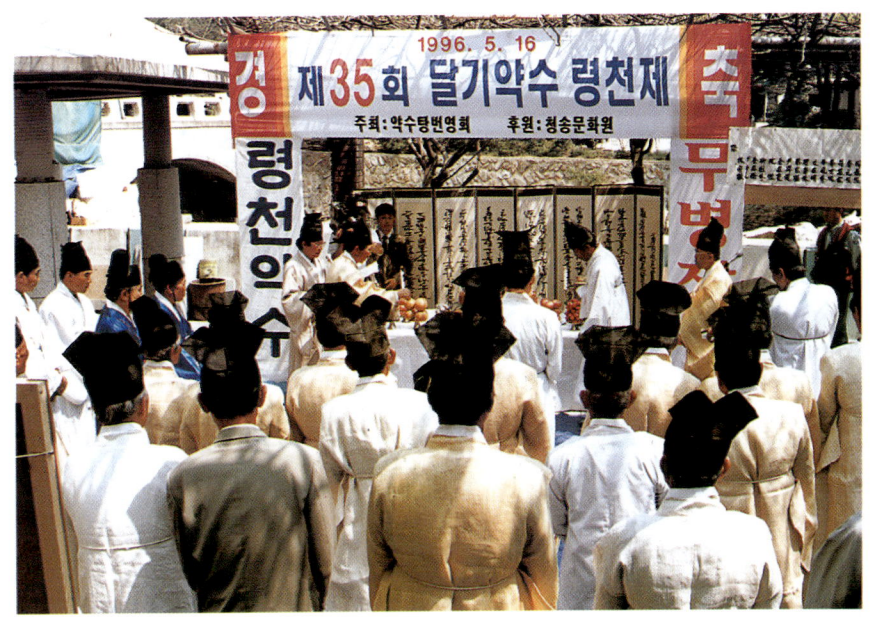

달기약수 영천제 달기약수는 단순한 물이 아니라 신령한 의미를 부여하여 영천(靈泉)이라 한다. 이 영천의 영험이 골고루 미치도록 하기 위해 제를 올리고 축제 마당을 편다.

났다. 그 후 하나 둘 집이 들어서고 약수탕도 점차 정비되어 오늘에 이르게 되었다.

한 개울을 끼고 열 군데에서 샘이 솟는데 신기하게 저마다 맛이 다르다. 원탕인 하탕이 있는 곳이 중심이 되어 상류로 올라가면서 중탕, 상탕, 신탕 등이 있다. 약수는 위장병에 좋다고 하며 특히 약수로 닭백숙을 해 먹으면 맛이 좋을 뿐 아니라 건강에도 좋다고 하여 찾는 이의 발길이 끊이지 않는다. 매년 봄이면 달기약수 영천제가 열린다.

달기약수 영천제는 달기약수터에서 매년 음력 3월 그믐날에 개최되는 약수 축제이다. 이 행사는 영천계에 근거하여 개최되는데 1947년에 최초로 계안을 작성하고 계를 만들어 간단한 행사를 가졌으나 1950년 한국전쟁 때 계안을 분실하면서 유명무실하게 되었다.

그 후 1962년에 다시 계안을 만들고 마을 행사로 개최하여 오다가 1993년 제32회 때부터 청송군민 문화 행사로 격상하여 개최되고 있다. 달기약수 영천제 축문을 옮겨 본다.

영천의 신이시여! 이제 또 해가 바뀌어 지성으로 제사를 올립니다.
엎드려 원하오니 옛날의 원천이 세월이 갈수록 더욱더 솟아나고 병자가 마시면 병이 낫고 건강한 자가 마시면 심신이 상쾌해지도록 영험을 내리소서. 거룩하신 영신이시여! 이 약수터에 은혜를 베풀어 멀고 가까운 곳에서 오는 손님들에게 골고루 효험을 주시고 마셔도 모자람이 없고 퍼내어도 마름이 없도록 사시장철 변함없는 약물을 솟게 해주시옵소서.
삼가 맑은 술과 편을 차려 고합니다.

이 행사에서는 고유제와 돌들기, 팔씨름, 엿치기 등이 열리는데 특히 돌들기가 유명하다. 하탕 앞에 큰 호박만한 검은 돌이 놓여져 있는데 이 돌은 길이 50센티미터, 높이 40센티미터, 무게 104.2킬로그램이다. 행사 때 이 돌을 들어올리는 사람에게는 푸짐한 상품이 주어지는데 돌을 들어올리는 사람이 많지 않다.
또 하탕 한구석에 서 있는 조그마한 비석은 김석이(金石伊) 노인의 추모비이다. 김석이 노인은 1970년 돌아가실 때까지 45년 동안 이 하탕에서 엿을 팔면서 약수탕 관리와 관광객들의 질서 계도를 해온 공적을 높이 사 마을 사람들이 비석을 세워 주었다.
비석에 새겨진 한마디는 이렇다.

40여 년간 약수탕을 지켜온 엿장수

불연이 깊은 주왕산의 역사

주왕산의 불교는 신라 말부터 임진왜란 전까지 가장 번창한 듯하다. 대전사를 비롯하여 곳곳에 암자가 들어서고 많은 승려들이 수행을 하였다. 지금도 곳곳에 남아 있는 절터, 그리고 불교와 관련된 지명 등이 이를 뒷받침하고 있다. 이렇게 번창하던 불교는 임진왜란을 겪으면서 대전사가 소실되고 여러 암자들이 없어지게 되면서 쇠퇴기에 들어서게 되었다.

주왕산의 불교 유적들은 주왕산 역사의 발상지이자 주왕산을 지켜온 터전이었다. 지금은 대부분 사라지고 몇 안 되는 가람만이 산을 지키고 있다.

사찰과 암자

주왕산은 불교와의 인연이 깊은 곳이다. 따라서 큰 사찰과 크고 작은 암자들이 계곡 곳곳에 자리잡고 있다. 또한 전설의 산답게 종교 이외의 다른 이유들로 유명한 암자들이 많다.

대전사

주왕산의 대표적인 사찰이다. 청송군의 문화재 자료에 의하면 672년
(문무왕 12)에 의상 조사가 창건하였다고 하나 주왕사적에 의하면 신
라 말인 892년(진성여왕 6)에 낭공 대사가 창건하였다고 한다.

대전사의 창건 동기는 절 이름, 벽화, 전설 등을 종합하여 볼 때 종
교적인 동기 이외에 김범문의 효성을
기리기 위한 뜻도 포함된
것으로 보인다. 창건
당시는 웅장한 절이
었음에 틀림없으나
임진왜란 때
대부분 소실
되었다.

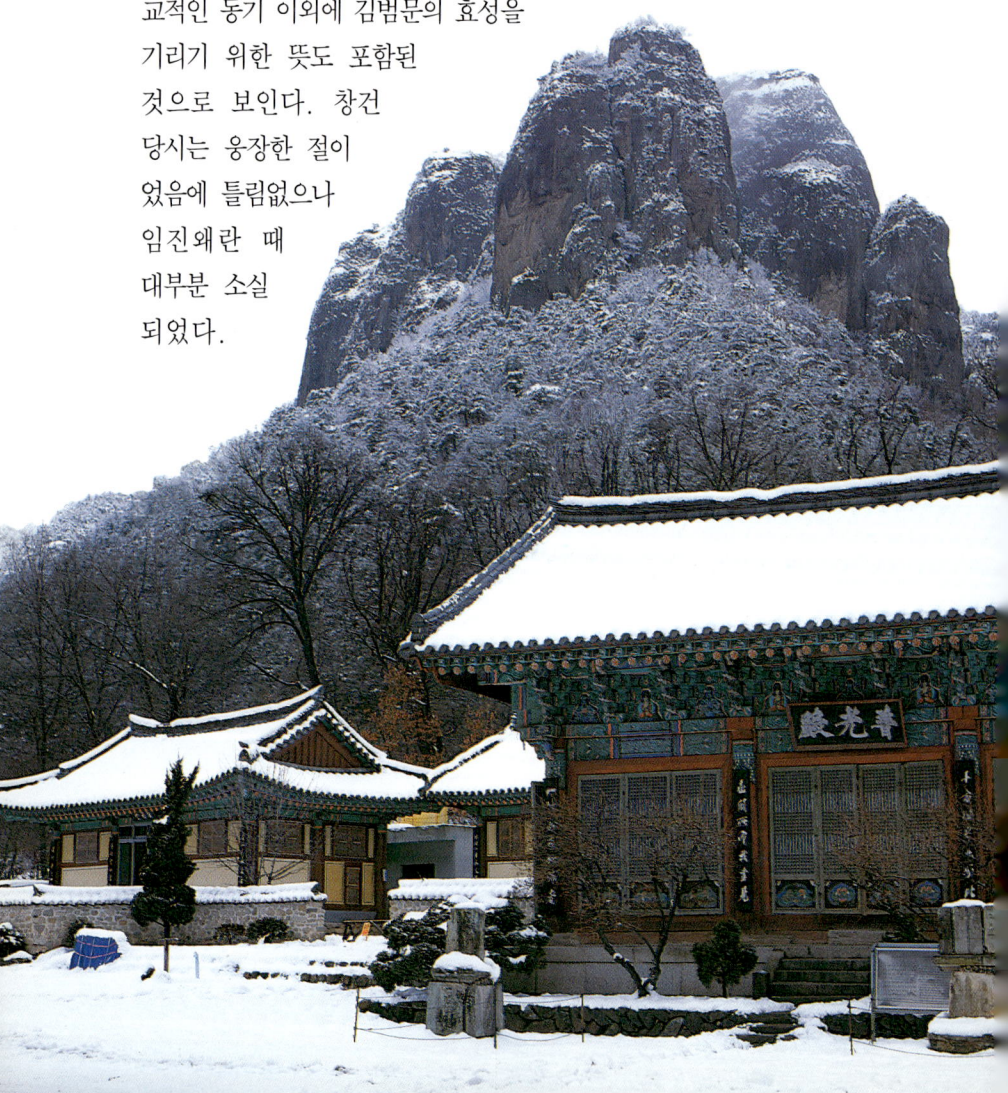

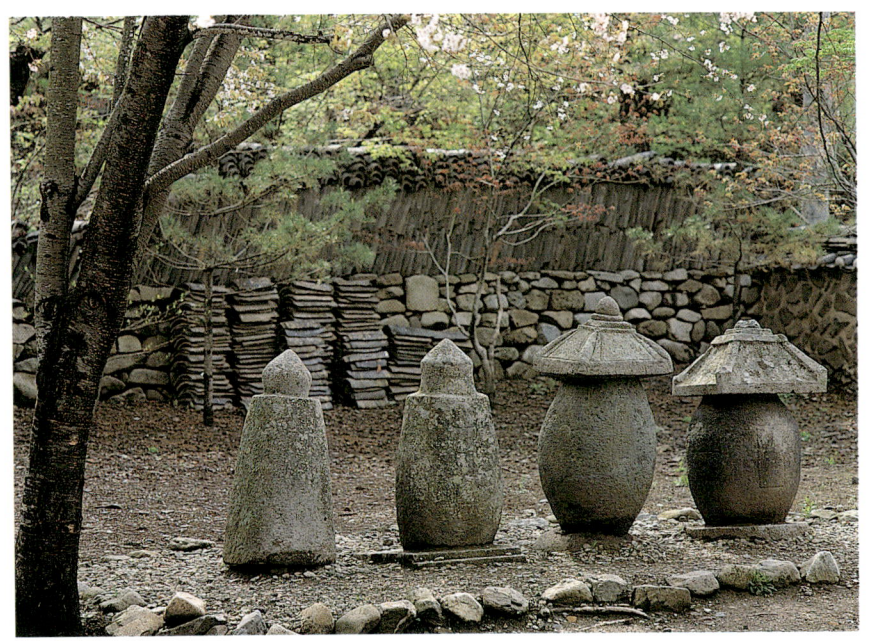

대전사 부도전 대전사 한 켠에 아담하게 위치하고 있다. 스님의 영혼이 부도 위에 핀 한 떨기 꽃이 되어 나그네들에게 이른다. "화무십일홍(花無十日紅)이니라……."(위)

눈 덮인 대전사와 기암 대전사와 기암의 조화를 보면 태초에 기암이 생길 때 대전사를 이미 정해 놓은 것만 같다.(옆면)

그 후 1672년(현종 13)에 중창, 1976년에 번와 및 단청을 하였으며 1988년에 봉향각(奉香閣), 수선당(修禪堂), 회연당(會緣堂)을 신축하였다. 또한 1995년에 명부전(冥府殿)과 산신각(山神閣)을 이전, 신축하였다. 임진왜란 때 소실되기 전에는 5방(五房) 3불전(三佛殿) 3루각(三樓閣)과 쌍탑이 있었다고 한다.

5방은 열선당(說禪堂), 탐진당(探眞堂), 관음전(觀音殿), 수월당(水月堂), 한산전(寒山殿)이고 3불전은 보광전(普光殿), 극락전(極樂殿),

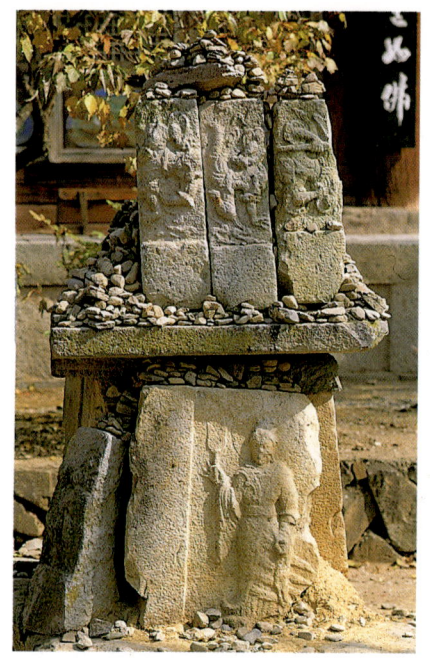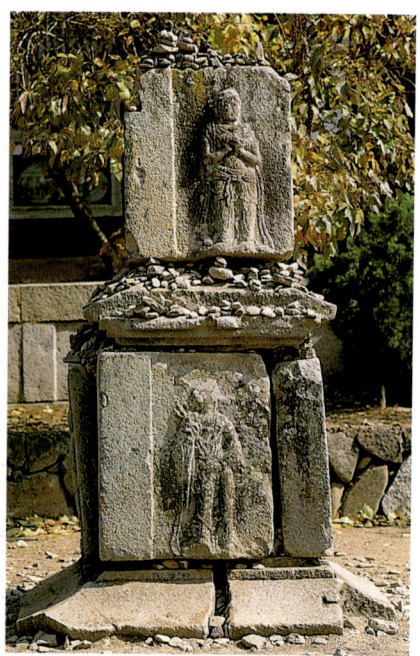

대전사삼층석탑 금강탑이라는 쌍탑이 있었는데 지금은 일부 탑신 조각만 쌓여 있다. 탑신 조각에는 사천왕상이 정교하게 돋을새김되어 있다.

명부전이며 3루각은 용화루(龍華樓), 범종각(泛鍾閣), 응향각(凝香閣)이다. 이 가운데 지금까지 남아 있는 것은 보광전과 명부전뿐이다.

보광전은 경상북도 유형문화재 제202호로 지정되어 있다. 정면 3칸, 측면 3칸의 단층 맞배지붕의 다포 양식으로 공포는 외2출목 내2출목을 이루는데 외부에서는 앙서로, 내부에서는 교두형으로 되어 있어 조선 중기 이후의 목조건축 양식의 특징을 보여 주고 있다.

이 절에는 금강탑(金剛塔)이라는 쌍탑이 있었는데 지금은 완전히 파손되어 원래 형체를 알아보기 힘들며 일부 탑신 조각만 보광전 앞에 아무렇게나 쌓여 있다. 이 탑신 조각에는 사천왕상이 정교하게 돋을새김된 부분이 있다. 사천왕상은 우주의 사방을 지키는 수호신인 동방 지국

천왕(持國天王), 서방 광목천왕(廣目天王), 남방 증장천왕(增長天王), 북방 다문천왕(多聞天王) 등 사천왕을 도상화한 것이다.

　사천왕상이 우리나라에서 크게 성행한 시기는 신라가 삼국을 통일하던 때부터라고 할 수 있다. 대전사 금강탑 조각에는 도검지물(刀劍持物)의 동방신장(東方神將), 장창지물(長槍持物)의 서방신장(西方神將), 삼고지물(三鈷持物)의 남방신장(南方神將), 보탑지물(寶塔持物)의 북방신장(北方神將)이 각각 한 쌍씩 있다. 전문가의 말에 의하면 이 탑의 원래 모습은 사적 제46호인 경주의 원원사지(遠願寺址)삼층석탑과 보물 제610호인 영양군 현일동삼층석탑과 비슷하였을 것이라 한다. 이 금강탑이 보존만 잘 되었더라면 보물급 문화재가 되었을 것이나 지금은 탑신석과 기단석으로 보이는 돌들이 대전사 마당에 굴러다

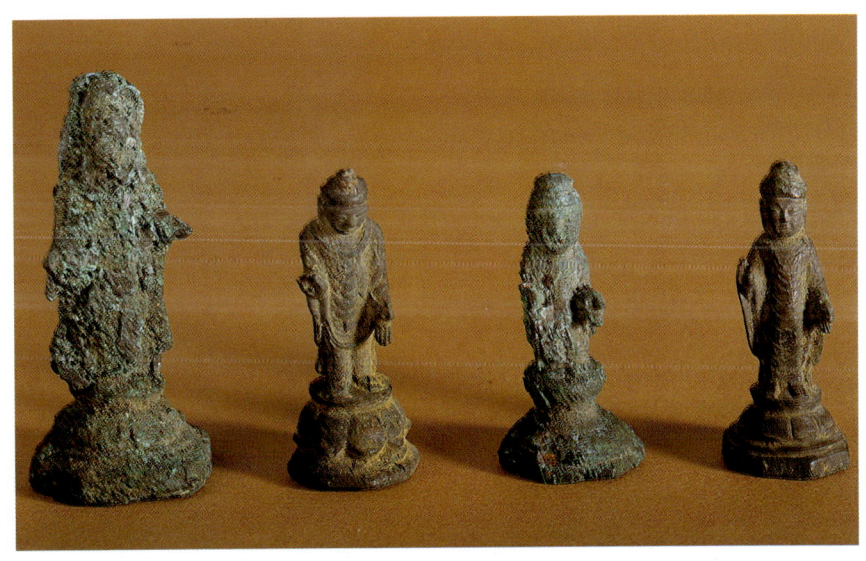

금동여래입상 7점이 출토되었으며 5.5센티미터부터 15.2센티미터까지 다양한 크기이다. 국립대구박물관 소장.

니는 것이 안타깝기만 하다.

대전사에서 나온 유물로는 금동여래입상(金銅如來立像)과 금동이불병좌상(金銅二佛並坐像)이 있다. 금동여래입상은 1968년 4월 1일 절터 옆의 밭에서 출토된 것이다. 이때 출토된 금동여래입상은 모두 7점으로 높이가 5.5센티미터부터 15.2센티미터까지의 작은 불상으로 통일신라시대의 불상으로 분류되고 있다. 발굴 당시는 국립경주박물관에 보관되어 있었으나 지금은 국립대구박물관에 보관되어 있다. 국립대구박물관에는 금동이불병좌상도 보관, 전시되어 있는데 대좌 위에 두 개의 불상이 나란히 앉아 있다. 이 불상은 높이가 6.3센티미터, 아래 너비가 9.6센티미터의 작은 불상이며 금동여래입상과 같은 시대인 통일신라시대로 분류되고 있다.

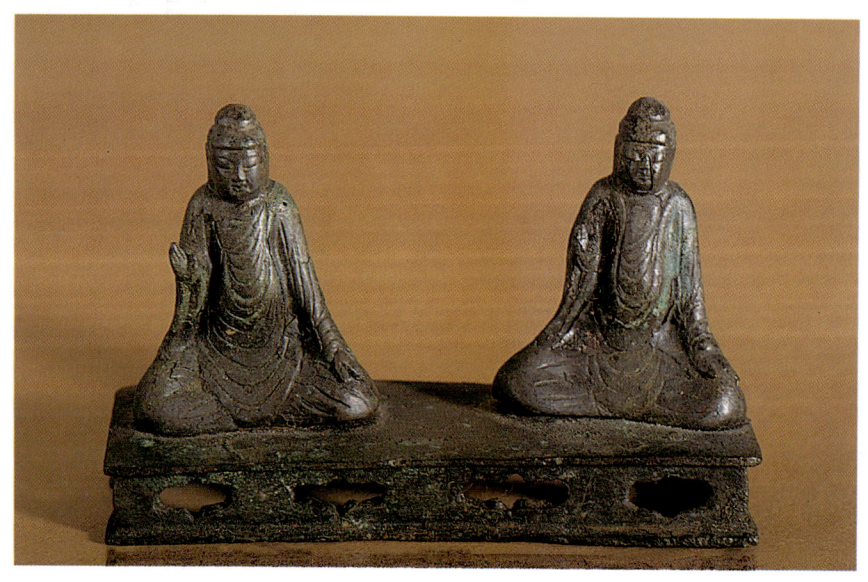

금동이불병좌상 대좌 위에 나란히 앉아 있다. 높이 6.3, 아래 너비 9.6센티미터. 국립대구박물관 소장.

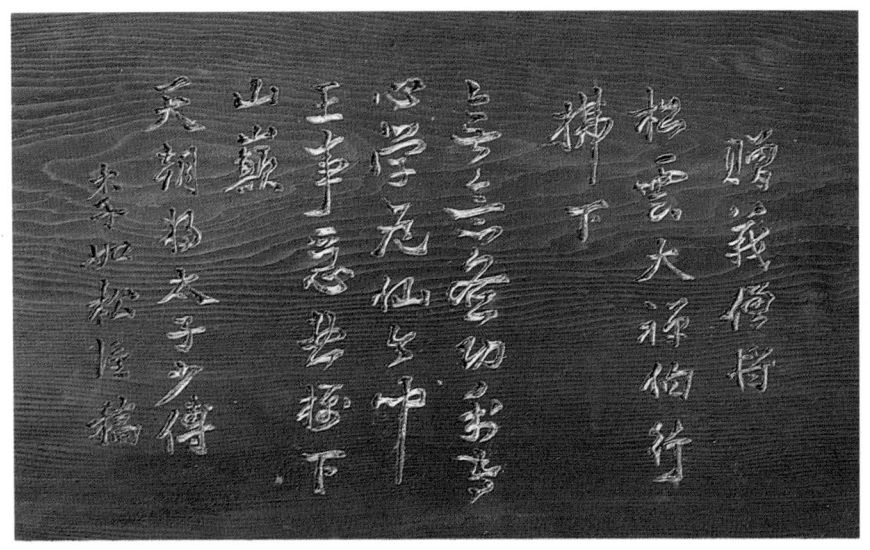

이여송 친필 목판 임진왜란 때 명나라 장수 이여송이 사명 대사에게 보낸 편지이다.

대전사에는 이여송(李如松) 장군의 친필 목판도 있다. 가로 42.5센티미터, 세로 24.5센티미터의 목판에 새겨진 것으로 임진왜란 때 명나라 장수 이여송이 당시 주왕산에서 승병 훈련을 시키고 있던 사명 대사에게 보낸 편지이다.

의승도대장(義僧都大將) 사명 대사 귀하
의로운 승장 사명 대사의 장도(壯途)에 삼가 보냅니다.
세상의 명예와 지위는 아랑곳하지 않고 오로지 불도(佛道)와 선도(仙道)만을 배우십니까?
지금 나라의 일이 위급하다 하오니 의승병(義僧兵)을 모두 데리고 산을 내려오기 바랍니다.
　　　　　　　　　　명나라 장수 태자소부 이여송 삼가 씀

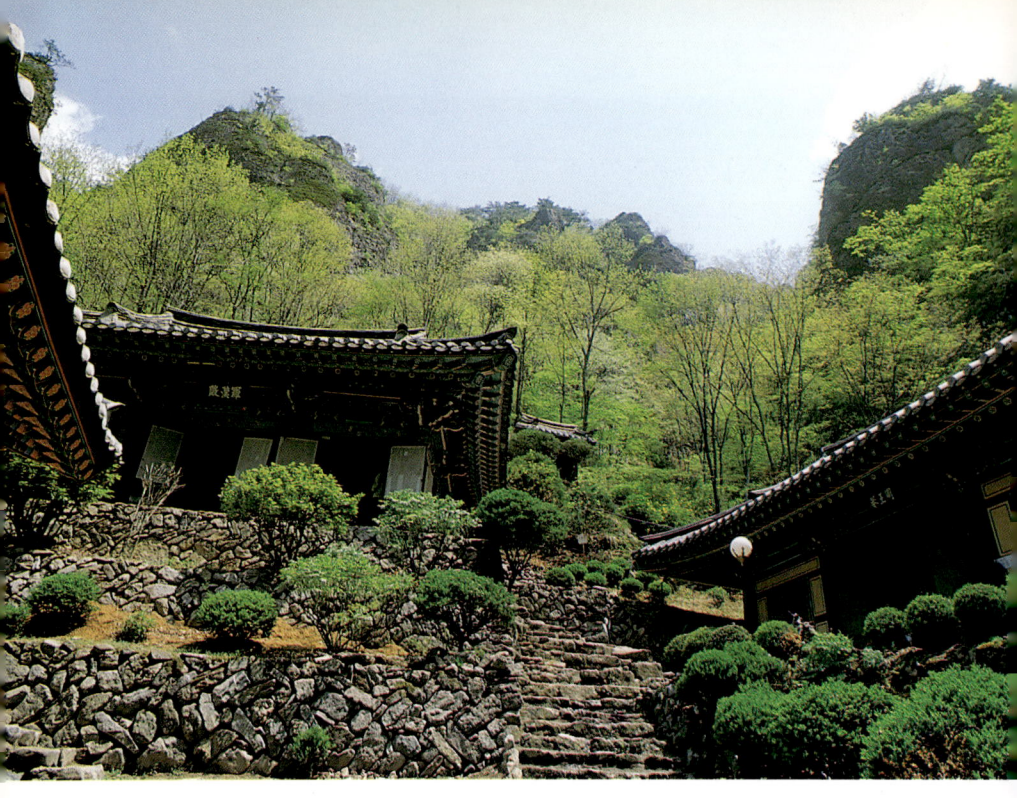

주왕암 낭공 대사가 김헌창의 명복을 빌기 위해 대전사보다 먼저 창건한 암자로 대사의 간절한 마음이 담겨 있다.

주왕암

주왕굴 입구에 자리잡고 있으며 조선시대 때는 주방사(周房寺)라 부르기도 하였다. 주왕사적의 기록에 의하면 신라 말인 892년에 낭공 대사가 대전사보다 먼저 창건하였다고 한다.

이 암자의 창건 동기 역시 종교적 동기 이외에 김헌창의 명복을 빌기 위해서이다. 1797년에 홍의호(洪義浩) 청송부사가 쓴 상량문에는 승묵(勝默) 스님이 홍의호 부사에게 중수를 건의하고 부사가 이를 받아들여 각계각층의 협조를 받아 중수하였다고 기록되어 있다. 그 후 1828년에 토함산인 경월당(慶月堂) 유성(有成) 스님이 쓴 상량문에는 서영

(瑞榮) 스님이 이 절에 오자마자 중수하기로 하고 수년 동안 전국 방방 곡곡을 다니며 시주를 모아 중수하였다고 기록하고 있다.

조선시대 기록에 의하면 이 암자 주변에 조그마한 연못이 있었다고 하는데 이것은 주방산성 축조시 만들어진 우물로 보인다. 주왕암에는 나한전(羅漢殿), 가학루(駕鶴樓), 산령각(山靈閣), 요사(寮舍)가 있으 며 가학루는 1994년에 완전 해체하고 그대로 지었다.

나한전에는 16나한이 봉안되어 있는데 이 상들은 당시 주왕사적과 관련이 있는 인물들을 상징하는 것으로 보인다. 이 가운데 검붉은 얼굴 을 한 상들이 있는데 이들은 철면(鐵面)이라 하여 끝까지 항쟁한 인물 들로 생각된다. 창건 당시에는 이들 나한상으로만 조성되었을 것으로 추측되며 갖가지 모습을 한 이 나한상들은 진철 대사의 작품인 듯하여 문화재적 가치로도 평가해 볼 필요가 있다.

이 암자에는 천시석(天矢石)에 대한 전설이 전해 내려온다. 대전사 에 어떤 감무(監務)가 있었는데 이 감무는 금오택에서 금자라를 잡아 다가 주왕암에서 자주 요리를 해 먹었다고 한다. 그날도 평소처럼 금자 라를 잡아와서 요리를 해 먹으려고 하는데 갑자기 천둥이 치고 비바람 이 몰아치면서 오리알만한 돌이 지붕을 뚫고 들어와 감무의 밥상에 떨 어졌다. 이에 크게 놀란 감무는 병을 얻어 시름시름 앓다가 얼마 후 죽 고 말았다. 그 후 사람들은 이 돌을 '부처님이 내린 천벌'이라고 하여 '천시석'이라 불렀다고 한다.

이 천시석이라는 돌이 실제로 있었는지는 알 수 없지만 이 전설로 주 왕암 가까이에 있었던 금오택에 금자라가 많았다는 사실과 금자라에 대한 살생을 막기 위한 승려들의 고민이 있었음을 짐작할 수 있다. 언 젠가 전설 속의 연못인 금오택이 옛모습을 되찾게 되면 이 전설이 되살 아나고 사라졌던 천시석도 다시 나타날 것이다.

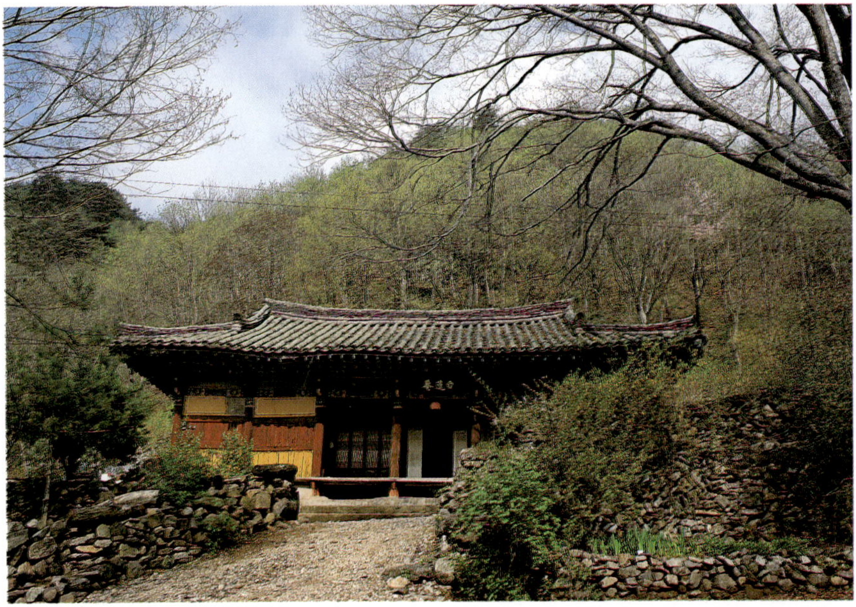

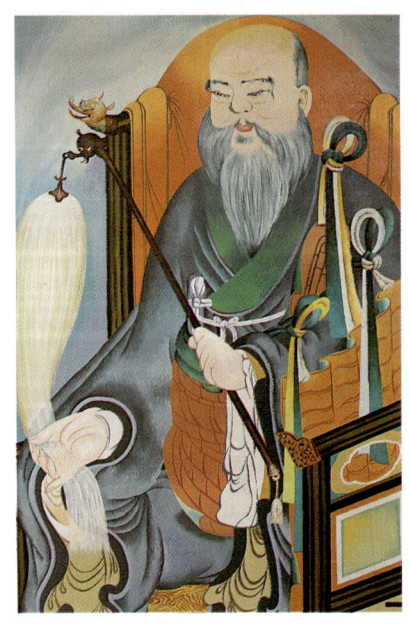

백련암과 그곳에 보관되어 있는 사명 대사
의 영정

백련암

　대전사 앞 하천 건너편에 있다.
창건 연대는 알 수 없으나 조선시
대 때는 백운암(白雲庵)이라고 부
르기도 하였으나 주왕의 딸 백련
이 이 암자에 머무른 후 백련암이
라고 하였다.

　임진왜란 당시 사명 대사가 머
물렀던 송운정사(松雲精舍)란 건
물이 마당 한쪽에 있었으나 세월
이 흘러 지금은 건물은 사라지고

현판과 터만 남아 있다. 또한 역사의 흔적을 말해 주는 듯한 백련암, 산왕각(山王閣), 요사가 있으며 가로 80센티미터, 세로 120센티미터 크기의 사명 대사 영정이 보관되어 있다.

광암사

기암 건너편 이마바위 밑에 있다. 이 자리는 옛날 적조암(寂照庵)이 있던 자리로 1960년 윤광명월(尹光明月)이 창건하였다. 대웅전과 산신각, 요사가 있으며 석탑 2기가 있다.

청련사

영덕군 달산면 덕산리에 있으며 신라 경덕왕 때 조사 스님이 창건하였다고 한다. 이 절은 1936년 어느 날 밤에 내린 집중호우로 흔적도 없이 유실되었다. 그 후 20여 년 동안 빈터만 있다가 송보살이라는 분이 자신의 전재산을 바쳐서 다시 지었는데 원래 위치보다 위쪽으로 옮겨 지었다. 대웅전, 나한전, 산신각, 요사가 있다.

당시 집중호우로 인한 사고는 지금도 생생하다. 전해경 스님이 법당을 중수하기 위해 건물을 해체하니 상량문에 건물이 허술하더라도 중수하지 말라는 글이 있었다고 한다. 그러나 이미 계획된 불사를 중단할 수 없어 계속 진행하여 법당이 완공되었다.

사고 당일에는 이튿날 법당 준공 법회를 준비하기 위해 많은 스님과 신도들이 이곳에서 자고 있었는데 바로 그날 밤 집중호우가 내려 참사를 당한 것이다. 당시 건물 11동, 스님과 신도 20여 명이 급류에 휩쓸려 흔적도 없이 사라져 버렸는데 비가 그친 후 마을 사람들이 모두 동원되어 시체를 찾아 장례를 치렀다. 마을 사람들의 말에 의하면 이날 청련사를 지은 목수가 마을로 내려와 개고기를 먹고 절로 올라갔는데 이 목수가 부처님의 벌을 받아 사고가 난 것이라고 한다.

백운사

백운사(白雲寺)는 달기약수터 신탕에서 산쪽으로 50미터쯤 들어간 곳에 위치하고 있다. 1972년 김준모(金俊模) 스님이 창건하였으며 송학당(松鶴堂), 미륵전(彌勒殿), 산령각, 요사가 있다.

이 절의 이름은 '백운유수(白雲流水)'라는 말에서 따 온 것으로 구름이 가듯, 물이 흐르듯 자유를 얻는다는 뜻이라고 한다.

옛 절터

주왕산에는 지금은 그 자취만이 남거나 아예 흔적조차 없이 문헌상으로만 전해지는 절터들이 많다. 옛날의 화려하였던 불교 수행지로서의 명성은 기록으로만 전해지고 반야암, 원각암, 재일암, 만서암, 불당암, 원통암, 내원암, 적조암, 도솔암, 만수암, 십수암, 월명암, 학소암 등 많았던 암자는 19세기를 전후하여 모두 없어졌다.

그 밖에 유명하였던 암자는 다음과 같다.

운수암(雲水庵) 절골에 있었다. 주왕사적의 기록에 의하면 840년에 김범문이 창건하였으며 1700년(숙종 26)에 소실되어 중건하였고 1868년(고종 5)에 다시 소실되어 문희상(文禧上) 스님이 중건하였다. 이 암자에서는 847년부터 851년까지 통효 대사가 김범문과 함께 수행하였으며 889년부터 897년까지는 낭공 대사, 낭원 대사 등 고승들이 김범문의 제자가 되어 수행하였다.

8·15 전까지는 승려들의 기도 도량이었으나 해방 이후 이곳이 빨치산의 활동 지역이 되면서 절의 평화가 위협받게 되었다. 결국 한국전쟁 발발 직전 정부의 소개 방침에 의해 강제로 철거되어 천년의 역사와 함께 목탁 소리와 종소리가 사라져 버렸다. 지금은 절터와 고목나무, 기와 조각만이 숲 속에 묻혀 있다.

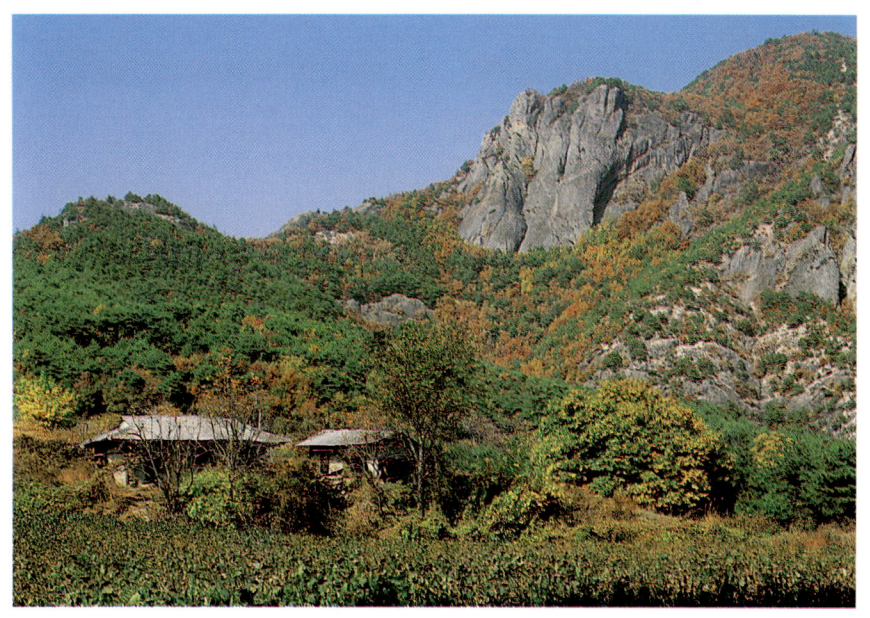

혈암과 새절재 새절재 마을 뒤로 혈암이 우뚝 솟아 주왕산의 정기가 느껴진다.

청학암(靑鶴庵) 제1폭포 가는 쪽으로 학소교가 끝나는 지점에 18세기까지 있었다는 기록이 있다. 경치도 아름다울 뿐 아니라 학소대의 학을 바라보기 가장 좋은 곳으로 조선시대 선비들이 이 절에 와서 청학, 백학의 아름다운 자태를 구경하면서 시를 읊었는데 이 절의 벽에는 선비들이 지어 놓은 시가 많이 붙어 있었다고 한다.

북암(北庵) 혈암 뒤 샘골 마을의 절골에 있었다. 주왕사적의 기록에 의하면 826년에 김범문이 창건하였다고 한다. 아버지 김헌창이 죽자 이곳에 암자를 짓고 15년간 수도를 하였으며 828년부터 3년간은 통효 대사와 함께 수도하였다. 19세기 이전에 이미 없어져 절터는 묘지로 변하고 탑신석과 기단석, 기와 조각만이 흩어져 있다.

서운암(瑞雲庵) 사창동 산제당 밑에 있었다. 이 암자는 920년에 낭공 대사가 창건한 것으로 생각되는데 낭공 대사는 여기에 주왕사적을 묻어 놓고 승려들로 하여금 백년이 넘게 지키게 하였다.

창건 당시에는 사창암(司倉庵)이었다가 주왕사적이 출토된 1034년 이후부터는 서운암(瑞雲庵)으로 이름이 바뀌었고 나중에는 은적암(隱寂庵)으로 바뀐 것으로 보인다. 이 암자가 사창암이었을 때의 이름을 따서 마을 이름을 사창동이라 부른다. 19세기까지 있었다는 기록이 있으나 언제 없어졌는지는 알 수 없으며 지금은 가리비조개바위 앞에 돌 축대만 남아 있다.

통지암(通地庵) 내원동 위 산막골에 있는 바위굴로 19세기까지 암자로 이용되었다는 기록이 있으며 임진왜란 때 사명 대사가 잠시 머물렀다고 한다. 이 바위굴 속에는 물이 두 줄기로 흐르는데 바깥쪽 물을 먹으면 죽고 안쪽 물을 먹으면 영겁을 얻는다는 말이 전해지며 지금도 가끔씩 기도처로 이용된다.

동암(東庵) 18세기 이전에는 청련암(靑蓮庵)이라 불렸으나 이후부터는 동암이라 불렸다. 1798년에 홍의호 청송부사는 동암, 주왕암, 적조암을 주왕산 3암(三庵)이라고 칭송하였다고 한다.

청송 심씨 시조 묘소 수호산

주왕산은 조선시대에는 청송 심씨의 소유였다. 소헌왕후(세종의 비), 인순왕후(명종의 비), 단의왕후(경종의 비)의 본향이 청송인 관계로 청송 지방은 청송 심씨의 영향을 많이 받게 되었다. 이것은 주왕산을 비롯한 청송 지방에 많은 변화를 가져오는데 1418년(세종 원년)에는 운봉현(雲鳳縣)에서 청보군(靑寶郡)으로 승격하고 1460년(세조

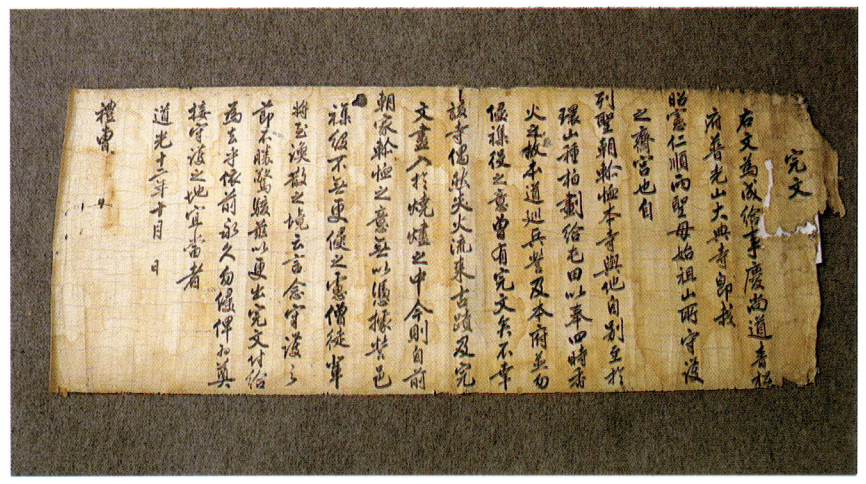

청송 심씨 문중의 완문 6조의 완문 가운데 예조 완문이다.

6)에는 다시 청송도호부(靑松都護府)로 승격되어 1895년(고종 32)에 청송군이 되기까지 도호부로 있게 된다.

당시 군내 주요 사찰인 대전사를 수호사찰로 지정하고 주왕산을 둔전(屯田)으로 활급하였다. 이것으로 청송 심씨 가문에 대한 조정의 관심이 매우 높음을 알 수 있다. 수호사찰로 지정된 사찰은 잡역 면제 등의 특혜가 주어지는 대신 묘소 수호를 위한 제반 사항을 담당하게 되는데 당시에 작성된 완문(完文)을 보면 그 상황을 잘 알 수 있다. 완문이란 조선시대 때 관부에서 향교, 서원, 촌(村), 개인 등에게 발급하는 문서로 어떠한 사실의 확인 또는 권리나 특권의 인정서와 같은 것이었다. 당초 작성된 완문의 원본은 대전사에 보관되었으나 소실되고 순조때 재작성된 것이 청송 심씨의 문중 자료에 남아 있다. 이 완문은 각급 기관의 결의문으로 예조, 병조, 당상, 비변사, 순찰사, 도호부 등 6조(六曹)에서 각각 발급하였다.

완문

이 완문은 각급 기관의 결의문이다.

경상도 청송부의 보광산 대전사는 소헌, 인순 두 왕후의 시조 묘소를 수호하는 재궁(齋宮)이다. 역대 왕조가 이 절을 특수 사찰로 지정하고 둔전 즉 국토를 활급하여 위토로 삼고 묘산 전역에 잣나무를 심도록 하며 병영과 도호부가 잡역 등을 면제토록 한 완문이 있었으나 불행하게도 대전사에 불이 나 타버렸다.

전해 내려온 고적과 완문이 모두 불타고 지금은 이전 왕실의 뜻을 증빙할 길이 없으니 영읍에서 다시 잡역 등을 부과하지 않는다고 생각할 수 없다.

승려 신도들이 멀지 않은 장래에 해산될 지경에 다다를 것이라는 말이 있다. 묘소를 수호하는 절이란 것을 생각하니 놀라움을 금치 못하겠다. 이에 다시 완문을 작성하여 종전과 같이 잡역 등을 없애도록 하며 언제까지나 머물면서 묘소를 수호할 수 있도록 함이 마땅할 것이다.

1831년 10월 일

예조

청송 심씨 문중에서는 이 완문의 내용을 후세에 전하기 위해 청송읍 월막리에 있는 찬경루(讚慶樓) 마당에 원본을 그대로 본떠 돌에 새겨 놓았다.

주왕산은 청송 심씨 가문과 운명을 같이하는데 가문이 번창하던 시절에는 산에 대한 관리가 잘 되었으나 조선 말 청송 심씨의 세력이 약화되면서 산에 대한 관리가 소홀해지기 시작하였다. 결국 청송 심씨 문중은 주왕산에 부과되는 많은 세금을 감당하지 못하여 소유권을 주장하기가 어려운 지경에 이르게 되었다.

이후 일제시대에 시행된 부동산등기법에 의거하여 주왕산은 무주공산(無主公山)으로 남게 되었다.

주왕산림의 수난

조선시대 때 청송 심씨의 보호로부터 벗어나 방치되었던 주왕산은 일제시대를 맞으면서 본격적으로 국가의 관리 아래 들어갔다. 1919년 임야 구분 조사에 의해 조선총독부 농공상부의 관할로 국유림으로 관리되었고 1924년 3월 26일자로 경북산 제249호에 의해 지방비 모범림으로 지정, 경상북도의 지방비로 관리하도록 양여되었다.

1933년 5월 30일자로 경상북도 훈령 제13호에 의해 경상북도 도유림(道有林)으로 지정되면서 대전사 앞에 경상북도 도유림 청송 사업소를 설치하였다. 그 후 1937년 3월 20일자로 도유림 안에 있는 부동면 면유림(面有林) 10필 199헥타르를 매입하여 오늘의 도유림이 되었다. 현재 주왕산 임야의 대부분이 밀집된 청송 지역과 영덕 지역은 도유림과 국유림으로 지정되어 있다.

일제는 전쟁붐자 소낡을 위해 주왕신림 개발을 계획하게 되었는데 참나무를 벌채하여 껍질에서는 코르크를 채취하고 나무로는 목탄을 생산하였다. 나중에는 코르크 채취를 중단하고 목탄 생산을 본격화하였는데 주왕산 일대에 자라난 엄청난 양의 참나무 원시림을 모조리 벌채, 목탄을 생산하였다. 지금도 등산로 주변 곳곳에 목탄 가마터가 많이 남아 있다. 또 생산된 목탄을 수송하기 위해 주왕산 곳곳에 도로를 개설하였는데 이때 무자비한 도로 개설로 주왕산의 자연경관이 많이 훼손되었다.

일제는 목탄 생산을 늘리기 위해 제3폭포 위에 제탄전습소(製炭傳習

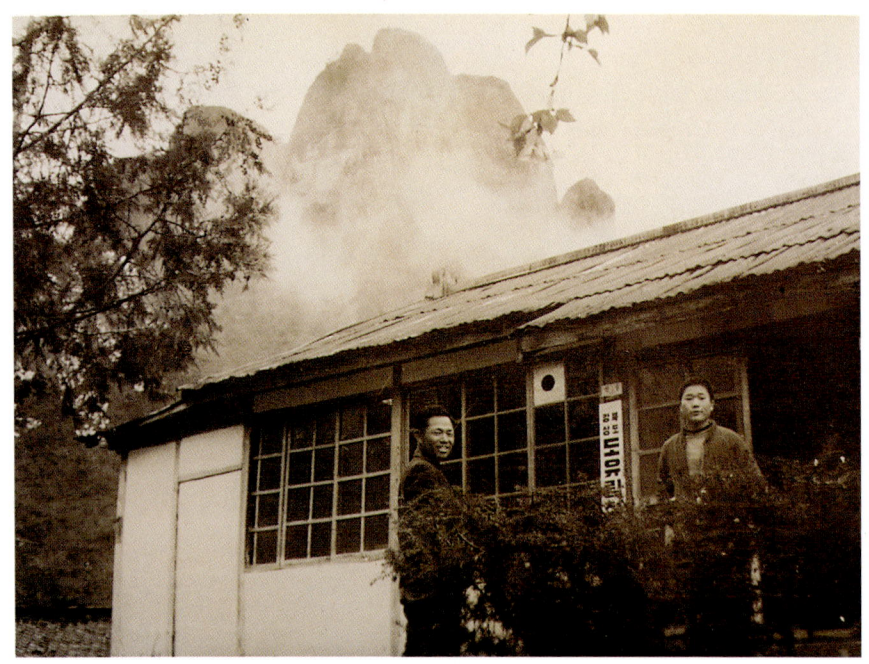

도유림 청송 사업소 1933년 도유림으로 지정되면서 대전사 앞에 도유림 청송 사업소가 설치되었다.

所)라는 일종의 직업훈련원을 설치해 놓고 일본인 주재원까지 두면서 고용과 생산관리를 하도록 하였다. 이때 제탄전습소에 고용된 사람들 에게는 보국대 징용을 면제시켜 주고 1년 이상 근무한 사람에게는 직 장을 알선해 주는 등의 특전을 주어 많은 사람들이 모여들었다.

주왕산에서 목탄을 생산하자 많은 사람들이 일자리를 찾아 주왕산에 들어와 살게 되었다. 생활이 어려운 사람은 물론이고 보국대 징용을 피 하기 위해 일부러 목탄 생산 인부로 고용되기도 하였다. 일제는 참나무 벌채지에 낙엽송을 심었는데 지금은 고목이 된 아름드리 낙엽송이 그 것이다. 당시에 참나무는 모조리 베었지만 소나무는 제외시켜 소나무 임상은 그대로 보존되었다.

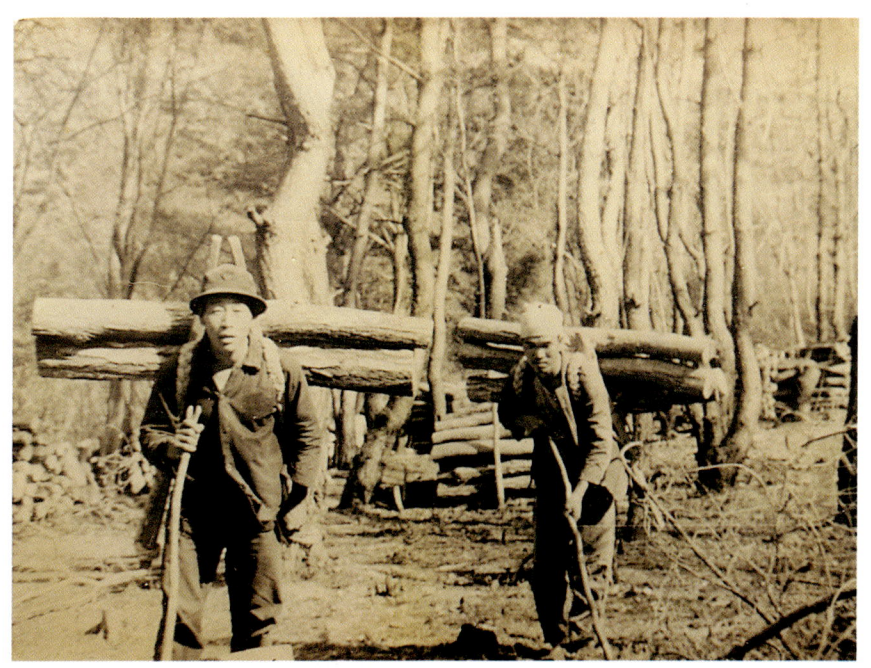

주왕산 참나무의 참상 일제 때는 목탄 생산을 위해 벌채하였고 해방이 되자 다시 표고버섯 생산을 위해 벌채하였다. (1968년, 내원동)

해방이 되면서부터 주왕산 목탄 생산은 중단되다시피 되었고 목탄 생산을 위해 찾아 들었던 외지인들도 대부분 돌아가 주왕산 토박이들과 오갈 데 없는 사람들만이 남아 화전민으로 정착하게 되었다. 이때 내원동, 갈전동, 너구동 등에는 제법 많은 사람들이 살면서 마을의 면모를 갖추었다.

일제의 강력한 통제 아래 있던 주왕산은 해방을 맞으면서 혼란한 사회 분위기를 타고 도벌과 화전 등 생계를 목적으로 한 산림의 훼손이 시작되었다. 5·16 이전까지의 산림 정책은 주로 산림 이용과 단속 위주로 운영되었으나 산림법이 공포되면서 육림 사업, 산림 개발, 산림 보호 등 체계적인 산림 정책을 추진하게 되었다.

이러한 산림 정책에 힘입어 경상북도에서 주왕산에 대한 산림 개발 시책으로 영림 계획(營林計劃)을 추진하게 되었다. 이 사업의 대상수 종은 주왕산에 자라고 있는 소나무 금강송으로 수형과 재질이 우수하 며 상의리 산 21-1번지 외 9필, 2,073헥타르가 1983년 11월 10일자로 천연보호림으로 지정되었다.

주왕산 소나무에 대한 조선시대 때의 기록에서는 해가 뜰 무렵이면 산이 온통 황금빛으로 빛나고 해질 무렵에는 은빛으로 빛난다고 하였 다. 황금빛은 소나무의 붉은 껍질에서 반사되는 빛이며 은빛은 소나무 의 잎에서 반사되는 빛이다. 당시 소나무 군락지에 가면 나무가 삼(대 마)밭의 삼같이 서 있었다고 하니 소나무가 얼마나 울창하였는지 짐작 이 가고도 남는다. 이 엄청난 산림자원이 임야 소유주인 경상북도에 의 해 개발 대상이 되었다.

주요 사업은 소나무의 송지(松脂) 채취와 벌채 사업이었다. 즉 벌채 예정지를 미리 정해 놓고 그 지구의 소나무는 3년 동안 송지를 채취하 고 난 뒤 벌채하여 원목을 생산한다는 것이었다. 이 사업은 「주왕산 도 유림 영림 계획서」 작성으로 구체화되었다. 이 계획에는 주왕산에 대한 임상을 상세히 조사하여 산림을 구획화한 후 구획에 따라 벌채 계획을 수립하여 놓았다.

주왕산내 도유림은 총 3,572헥타르에 당시 축적량은 168,558세제곱 미터로 기록되어 있으며 이 면적을 크게 18임반(林班)으로 나누고 각 임반마다 여러 개의 소반(小班)을 두었는데 소반의 수가 81개나 되었 다. 임반의 크기는 최대가 272헥타르로부터 최소 119헥타르까지 있었 으며 소반은 최대 81헥타르로부터 2헥타르까지였다. 각 임반은 30년 주기로 본 사업을 시행토록 되어 있었다.

이 영림 계획서는 1966년도에 작성되어 실행 기간은 1967년부터 1976년까지 10년으로 정해 놓았다. 이 사업은 사업이 한창 진행되던

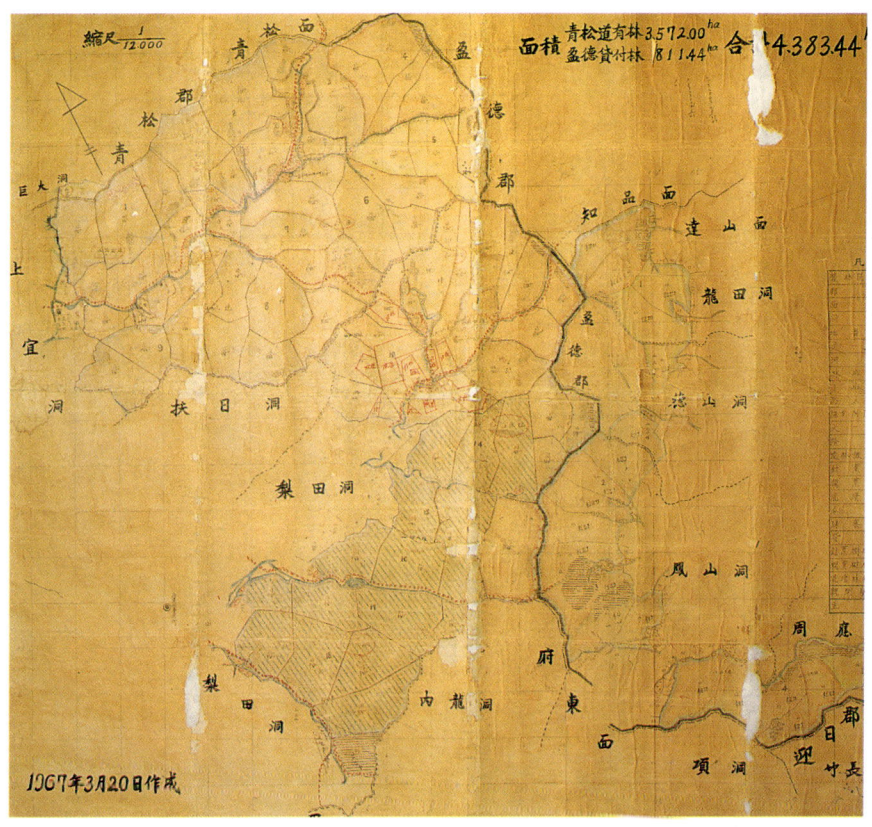

주왕산 도유림 영림 계획 시업도(營林計劃施業圖) 1967년에 제작되었으며 주왕산 일대의 임상 현황과 벌채 계획 등이 지도 위에 상세히 기록되어 있다.

1970년대 초 대규모 도벌 사건이 발생하여 잠시 주춤하다가 1976년도에 국립공원으로 지정되면서 전면 중단되었다. 당시 주왕산의 산림 개발로 인한 10년간 총수입 예상액을 1억 3,000만 원으로 분석하고 있다. 1967년 당시 청송군의 1년 총예산이 9,700만 원이었으므로 주왕산 소나무의 경제적 가치가 어느 정도였는지 쉽게 짐작할 수 있을 것이다.

1976년도에 주왕산이 국립공원으로 지정되지 않았다면 주왕산의 현재 모습은 전혀 다른 얼굴을 하고 있을 것이다. 주왕산에 자라고 있는 대부분의 큰 소나무는 둥치에 빗살무늬 흉터를 갖고 있는데 이 상처들이 그때 입은 아픔의 흔적들이다.

천년을 내려온 비기, 주왕사적

주왕산의 역사는 숨겨진 역사였다. 주왕산 전설의 실체인 김헌창과 김범문 그리고 낭공 대사, 낭원 대사, 진철 대사 등은 자신들의 행적을 감추어 두었다가 먼 훗날 밝혀지도록 비기(秘記) 형식으로 기록을 남겨 두었다. 이로 인해 이 기록들은 천년이 넘도록 그 내용이 밝혀지지 않았다. 이 기록들을 연구하기 위해서는 비기의 내용을 해독하지 않으면 안 된다.

비기는 인간의 길흉화복이나 국가의 장래에 관하여 도참 사상 및 음양오행설에 의거하여 행하는 예언적 기록, 공공연하게 발표될 수 없는 비밀스런 기록으로 조상이 자손의 장래를 염려하여 남겨 놓은 것과 국가의 장래에 관한 것, 개인의 운명과 관계되는 것 등이 있다.

주왕사적

주왕산에는 고려시대부터 전해 내려오는 「주왕내기(周王內記)」라는 주왕사적이 있다. 이것은 920년 낭공 대사가 쓴 것으로 신라 말의 반

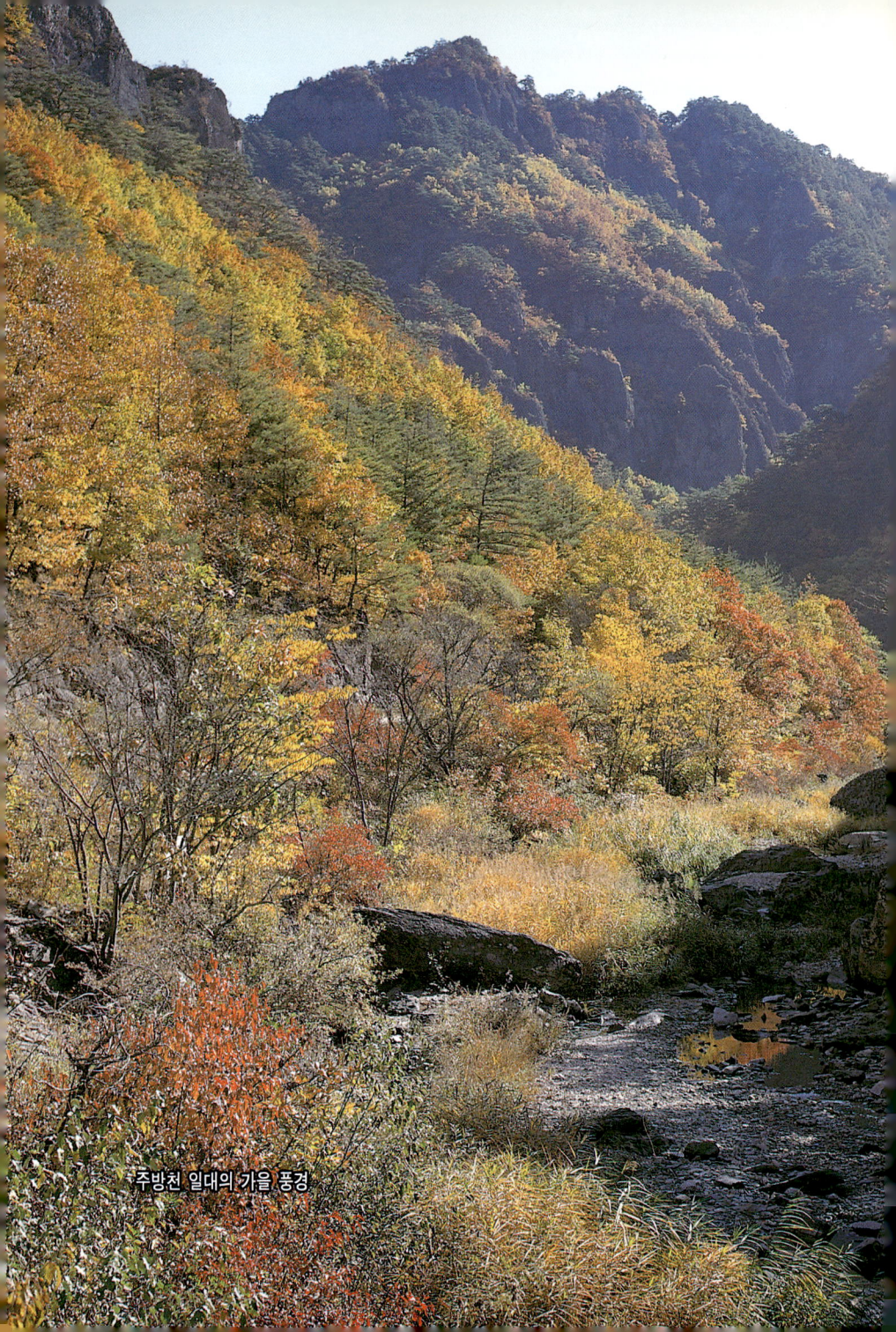

주방천 일대의 가을 풍경

란자 김헌창과 그의 아들 김범문에 관한 사실을 비기 형식으로 기록한 것이다.

이 기록은 주왕산에서 천여 년을 전해 내려오면서 많은 승려와 선비들의 연구 대상이 되어 왔으나 오늘날에는 황당한 구석이 많아 역사적 사실로보다는 전설로 취급되고 있다.

주왕사적은 낭공 대사가 입적하기 직전에 기록하여 주왕산 사창동에 작은 암자를 짓고 암자 마당에 있는 가리비조개바위 밑에 묻어 두었는데 땅속에 묻어 둔 채로 연이어 다섯 사람에게 인계하도록 하였다. 작성된 후 114년이 되던 해인 1034년(정종 원년)에 출토되었는데 낭공 대사의 뜻대로 전달, 개봉되었을 것으로 생각된다. 이것은 역사적 사실을 기록한 앞부분의 비결 편과 김범문의 도를 소개한 도 편 그리고 작성한 사람과 과정 등을 설명한 추기 부분으로 되어 있는데 사실을 숨기기 위해 중국 관련 이야기들로 꾸며 놓았으며 등장인물은 모두 가명을 사용하였다.

내용의 일부를 옮겨 본다.

신라의 태종무열왕 김춘추의 6세손 주원의 처 박씨*가 나이가 40이 되었으나 아들도 딸도 없었다. 부부가 주왕산*에 기도를 하였더니 신라 혜공왕*

신라의 태종무열왕 김춘추의 6세손 주원의 처 박씨 : 동진의 복야상서 주의의 7세손 도의 처 위씨
주왕산 : 옥정산, 석병산

11년 인월(寅月) 인일(寅日) 인시(寅時)에 유성이 품안에 떨어지는 꿈을 꾸었다. 열석 달 만에 아들을 하나 낳았는데 이듬해 인월 인일 인시였다. 골격이 보통사람과 크게 다르고 이가 벌써 나 있었다. 태어나던 날 인시 말에 주왕산에서 이마가 흰 범이 와서 돼지 한 마리를 갖다 주고 갔다. 온 집안이 이상하게 여기다가 길조가 아님을 알고 점을 치니 시후(時候)가 조화를 잃을 것을 알았다. 날을 받아 경징(慶徵, 헌창의 종형)*이 잔치를 베풀고 손님을 모아 이름을 지어 주었는데 헌창*이라 하고 자를 백호*라고 지었다.

(중략)

신라*에는 해볼 만한 일이 없다고 돌아와서는 경징과 또래 장사 100여 명이 함께 웅천주*로 들어갔다. 1만여 명의 동지를 모아 웅진성*에 진을 치고 반란을 일으켰다. 이때가 신라 헌덕왕 14년*이었다. 스스로 국호를 장안*이라 부르고 금성*을 침입하려고 하였으나 신라 왕실* 장군에게 패하여 명주*로 도망쳐 넘어왔다. 헌덕왕이 주원*에게 헌창을 정벌하라고 명령하니 주원의 총애를 받는 아들로서 난리

신라 혜공왕 : 당나라 대종황제 영태
경징 : 헌창의 종형, 여남공
헌창 : 도, 주왕
백호 : 광로
신라 : 진국
웅천주 : 웅이산
웅진성 : 남양 고을
신라 헌덕왕 14년 : 당나라 덕종황제 15년
장안 : 후주천왕
금성 : 장안
신라왕실 : 곽자의
명주 : 요동
주원 : 황제가 여왕(麗王), 여주(麗主)

를 진압하고 대의(大義)를 모르는 종과 같은 신*을 상장군으로 하여 추격하니 헌창의 병력이 약화되어 1,000여 명만이 서쪽*으로 달아나다가 북한산주 도독 총명*에게 패하고 평주*를 거쳐 진성(지금의 영양군 영양읍, 입암면, 석보면 일대)에 도착하였다.

(중략)

주원이 크게 놀라 신을 상장군으로 하여 정벌토록 하니 신이 상소하여 아우 이성을 추천하여 선봉장으로 하고 또 그의 아우 삼성, 사성, 오성들로 하여금 후군장으로 하여 용맹한 기병 100여 개 대를 이끌고 헌창이 진성의 남쪽(화매리)*에 있을 때인 825년 10월 그믐에 진성 경계(지금의 영양읍)에 도착하자 열흘 동안 격렬한 싸움이 벌어져 아군은 많은 전사자가 생기고 적군은 사기가 크게 올랐다. (중략) 헌창이 주방산성의 동쪽(급수대 궁터)*으로 피란을 오자 825년 11월 10일 마이성이 진군하여 싸움을 걸어왔다.

(중략)

헌창에게 사태가 위급함을 알리고 바위로 막고 굴을 뚫으며 얼음을 녹이고 물을 대어 헌창을 대피시켰으나 한참 만에 보니 사성 형제들이 비위(주왕 굴) 위에 올라와 있었나.

(중략)

사성이 큰 사닥다리와 갈고랑이로 헌창을 걸어 올리니 신하들이 차례차례 꿰어 나왔다. 이때 범문(梵文)*은 몸을 빠져 나와 빈틈으로

신 : 마일성
서쪽 : 관동
북한산주 도독 총명 : 원성 수령 천해제
평주 : 황해도 평산군
화매리 : 갑오
급수대 궁터 : 갑인

올라가 남쪽(달로산성)으로 도망갔다. 신 등이 포로를 주원에게 바치니 헌창의 머리를 잘라 백숙부(종기와 신)로 하여금 금성*으로 보낼 때 강물*을 건너다가 배가 전복되어 그의 머리를 잃어버렸다 한다. (중략) 범문이 시체를 거두어 돌아와 주왕산의 북쪽에다가 장례를 치르니 장례하던 때가 강물을 건너다가 배가 전복된 바로 그때였다. (중략) 범문이 머리를 깎고부터는 도사라고도 하며 혹은 법사라고도 하였다.

(중략)

홀로 살기를 15년, 하루는 가야산 진철 대사*가 낭공 대사*에게 건의해* 범문을 모셔가도록 하여 함께 살 수 있도록 하였다. 매년 3월 갑자일(헌창 사망일)과 정월 갑인일(헌창 생일)을 맞으면…… (중략) 항상 흰 옷을 입고 다녔으므로* 진철 대사가 백색 녹건 대도인 선생(白色鹿巾大道人先生)이라고 불렀다.

범문이 아버지를 인도하는 데 4년, 삭발하고 승려로 변장한 지 100여 년, 선도(仙道)를 배움은 몇 해쯤인지 알 수가 없었다.

920년 3월 1일
낭공 대사 씀

(중략)

범문(梵文) : 대전(大典)
금성 : 황경
강물 : 요해, 요동
15년 : 50년
진철 대사 : 고운신선(孤雲神仙)
낭공 대사 : 팔공산 산신령
건의 : 명
흰 옷을 입고 다녔으므로 : 백록을 타고 다녔으므로

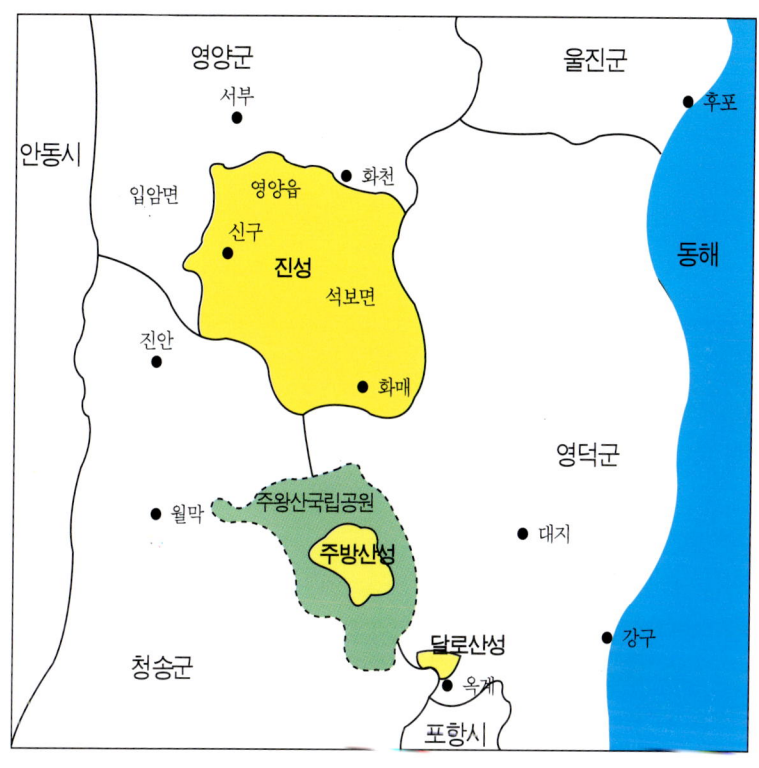

진성 · 주방산성 · 달로산성의 위치도

1034년 11월 11일 평사동(지금의 절골계곡)에 있는 석름봉의 가리비 조개바위에서 출토되었다.

그림에 나타나는 주왕사적

비기가 기록으로 남아 있는가 하면 그림으로 그려진 것도 있다. 일종의 비화(秘畵)라고 말할 수 있는데 주왕산의 대전사와 주왕암에 있는 탱화들 속에는 주왕사적과 관련한 역사적 사실이 숨겨져 있다.

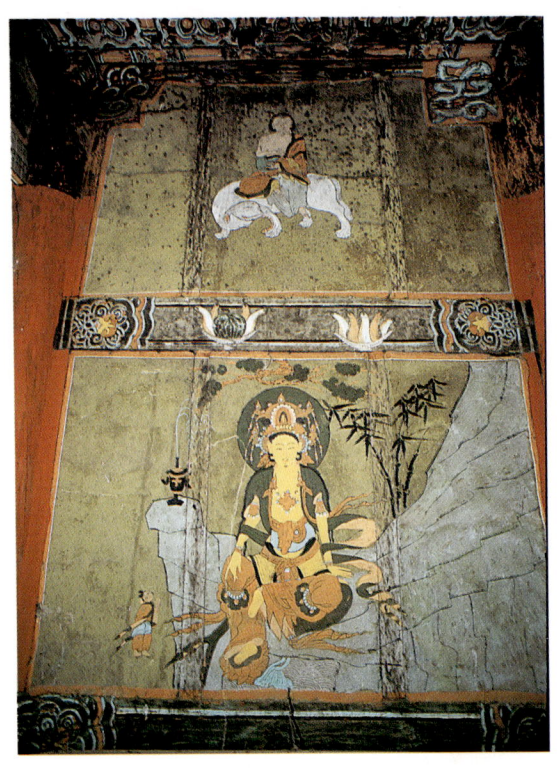

대전사 보광전에 그려진 동쪽 벽화 아래 그림은 급수대 뒤에 있는 김헌창을, 위의 그림은 김범문을 그린 것 같다.

대전사에 그려진 것들 대전사 보광전에는 여러 점의 그림이 있다. 그 가운데 벽화 세 점과 액자 두 점이 주왕사적과 관련이 있는 것으로 생각된다. 동쪽 벽에 있는 벽화 가운데 밑에 그려진 것이 상징적인 김헌창의 모습인 듯하다. 김헌창이 보살의 모습으로 급수대 궁터 바위 위에 앉아 있고 김범문이 바위 밑에서 걱정스럽게 쳐다보고 있다. 그 위에 그려진 것이 김범문의 모습을 그린 것 같다. 흰 코끼리를 타고 있는 모습인데 흰 코끼리는 김헌창을 상징한다. 여기서 코끼리는 상치분신(象齒焚身, 코끼리는 상아를 가졌기 때문에 죽임을 당한다)의 의미를 지니고 있다. 액자 두 점은 김주원(金周元)과 김경신(金敬信)의 왕위 다툼 상황과 김헌창의 죽음에 대한 태종무열왕계 선조들의 명복 기원 모습으로 보인다.

먼저 「왕위다툼상황도」는 선덕왕이 정의태후(貞懿太后)의 뜻에 따라 보탑(寶塔)을 김주원에게 물려주려고 하자 옆에 있는 김경신이 눈을 부릅뜨고 뱀 모양의 끈을 걸어 보탑을 가로채는 장면을 그려 놓았다. 여기서 보탑은 왕위를 의미하며 이 그림에서는 인물들의 얼굴색과 표

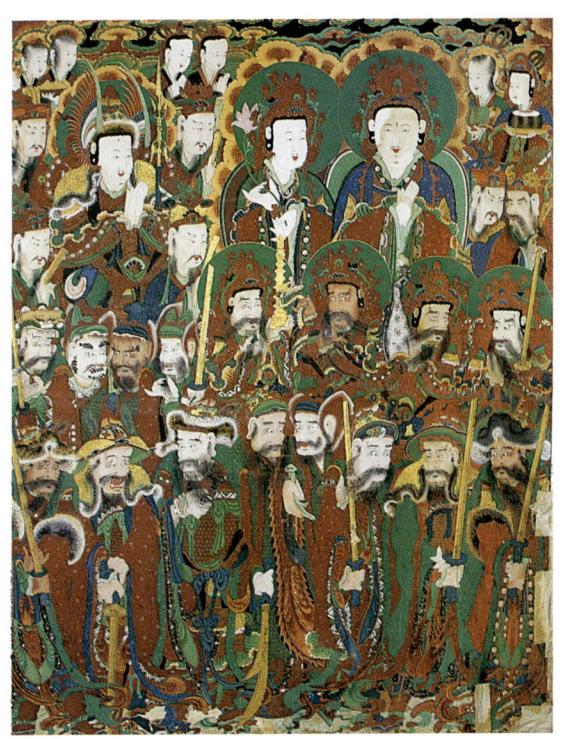

왕위다툼상황도 김주원이 보탑을 받으려 하자 김경신이 눈을 부릅뜨고 보탑을 가로채는 장면을 그려 놓았다.

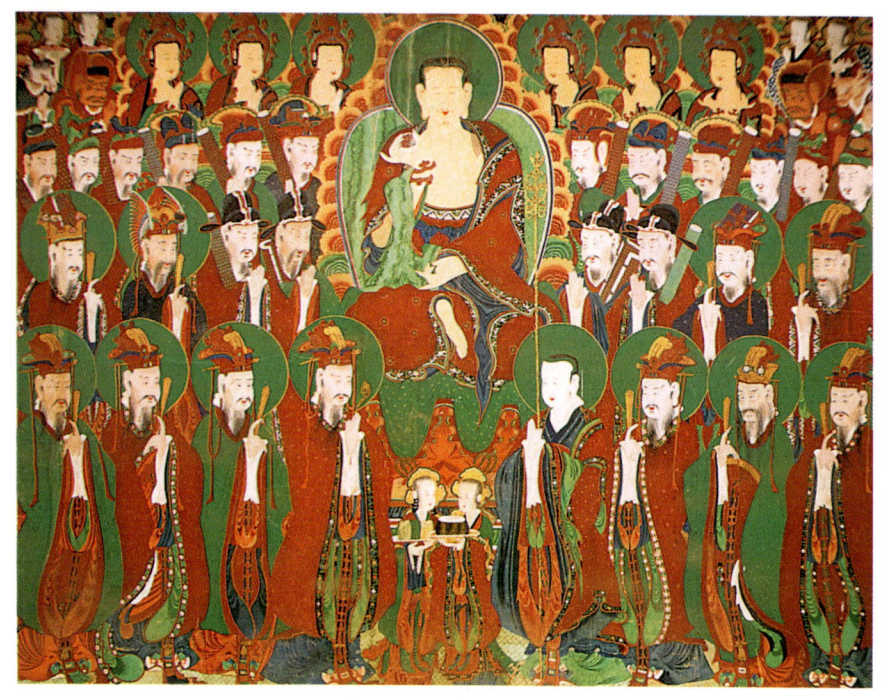

반란의 당위성을 설명한 명복기원도 역대 왕조들이 모두 예를 갖추어 명복을 빌고 있다.

정 등으로 지지자들의 구분과 가담 정도를 설명하는 듯하다.

「명복기원도」는 김헌창을 보살로 그려 놓고 그 밑에 태종무열왕계 역대 왕조 10명(진지왕, 태종무열왕, 문무왕, 신문왕, 효소왕, 성덕왕, 효성왕, 경덕왕, 혜공왕, 선덕왕)을 비롯하여 김주원과 김범문을 함께 그려 놓은 것 같다. 앞줄 가운데에서 맨머리에 긴 석장(錫杖)을 들고 있는 사람이 김범문이며 맞은편에 규(圭)를 들지 않은 사람이 김주원인 듯하다. 이 그림에는 모두가 예를 갖추어 엄숙한 표정을 짓고 있는데 김헌창의 반란에 대한 지지와 함께 죽음에 대한 애도의 뜻을 표시하고 있으며 김범문이 들고 있는 긴 석장은 아버지를 인도(引導)하는 뜻일 것으로 생각된다. 이 그림은 김헌창의 죽음에 대한 선조들의 명복

기원 모습을 통하여 당시 반란에 대한 당위성을 설명하려는 듯하다.

주왕암에 그려진 것들 주왕암 나한전에는 여러 점의 벽화와 별화(別畵)가 그려져 있고 법당 안에는 액자 한 점이 있다.

법당 외벽에 그려진 열두 점의 벽화와 여러 점의 인물관련 별화는 김범문의 일생을 그려 놓은 것 같다. 벽화는 법당 왼쪽으로부터 시작되는데 19세 때 명주로부터 몰래 나온 김범문이 아버지를 따라다니면서 끈질기게 아버지를 인도하는 장면과 아버지가 죽은 후에 삭발을 하고 수도하는 장면 등을 그려 놓았다. 별화는 김범문의 일생 중 인상깊었던 장면들을 그려 놓았는데 옷차림이나 의자 모양, 배경 등이 당시의 생활상을 짐작하게 한다.

법당 안의 액자는 김헌창의 반란 문제를 두고 일어난 명주군의 정치 상황을 그려 놓은 것 같다. 위쪽에 불꽃 속에서 칼을 들고 험상궂게 서 있는 사람은 헌덕왕이고 바로 밑에 왕자처럼 그려 놓은 사람이 김헌창, 김헌창의 오른쪽에 검은 수염을 길게 기른 사람이 김주원이다. 또 김주원의 맞은편 구석에 험상궂은 얼굴로 쌍칼을 들고 노려보는 장수가 있는데 김헌창의 동생 김신(金身)이며 그를 말리는 장수도 있다. 이 그림은 당시 김헌창의 반란 문제를 두고 일어난 명주군의 정치 상황과 인물들의 태도 등을 설명한다.

제2석굴암과 회랑대에 그려진 것들 제2석굴암 비로전 안팎에도 여러 점의 벽화와 별화가 그려져 있는데 대부분이 주왕암 나한전의 것과 비슷하여 주왕사적과 관련이 있는 그림으로 생각된다. 가야산 회랑대 삼성전에도 여러 점의 벽화가 그려져 있으며 법당 안에는 후불탱과 산신탱이 있는데 이 그림도 주왕암 산령각에 있는 그림들과 소재와 화풍이 비슷하여 주왕사적과 관련이 있는 사람을 소재로 한 것으로 생각되며 독성나반존자 후불탱은 김범문, 산신탱은 김헌창을 그린 것 같다.

특히 법당 외벽에는 석장으로 등을 긁는 그림이 있는데 김범문의 모

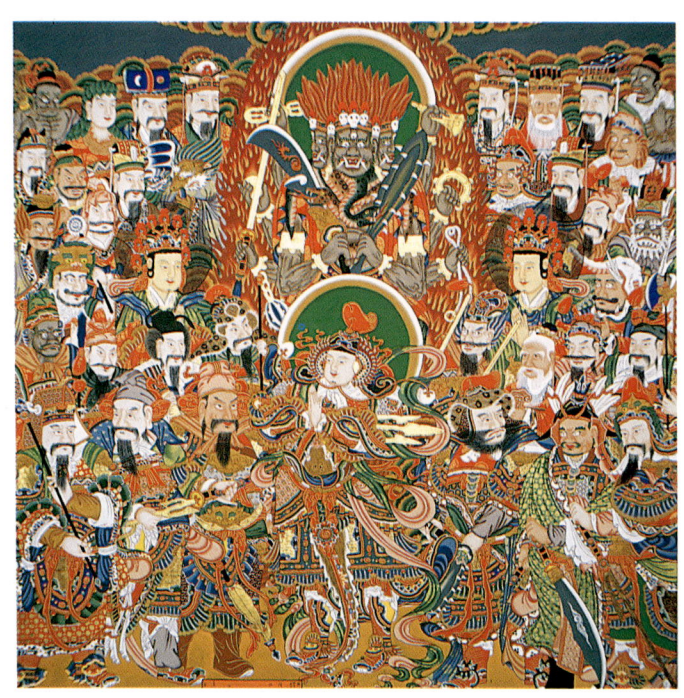

명주군의 정치상황도 주왕암 법당에 있는 그림으로 김헌창의 반란 문제를 두고 일어난 명주군의 정치 상황을 그려 놓았다.

습을 그린 것 같다. 김범문은 신분을 감추려고 승려로 변장하였다고 하여 자칭 슬양소배(膝瘁搔背, 무릎이 가려운데 등을 긁는다)하는 사람이라고 하였는데 이 표현은 영양연당동석불좌상(英陽蓮塘洞石佛坐像)의 명문(銘文)에도 있다.

　이러한 그림들은 주왕사적과 관련한 비밀을 알고 있었던 사람이 그렸을 것으로 생각되는데 진철 대사가 가장 유력하다. 진철 대사는 당대 불교 미술의 대가로 비밀을 지키기 위해 세상에는 알려지지 않도록 하였을 것으로 생각된다. 이 그림들은 겉으로는 모두 탱화처럼 보이나 당시의 시대적 상황과 인물들을 소재로 하고 있어 종교적 의미보다는 역사적 의미가 더 크다고 생각된다.

총수산의 기문

『신증동국여지승람』「한성도호부」편에 보면 총수산(恩秀山)에 대한 기록이 나온다. 총수산은 황해도 평산군 안성면에 있으며 산세가 험하고 아름다운 것이 주왕산과 비슷하고 주왕사적과 비슷한 기문(記文)이 전해 내려오고 있으며 기문과 관련한 전설과 시도 많다.

기문은 동월(董越)과 왕창(王敞)이라는 중국 사신이 이 산을 찾아와서 일어난 일들을 기록해 놓은 것이라고 하는데 김범문과 김헌창이 쓴 일종의 비기이다. 여기서 동월은 김범문이고 왕창은 김헌창으로 822년 당시 웅천주 반란에 실패한 김헌창과 김범문이 총수산으로 도망왔다가 여기서 세력을 규합하여 북한산주로 가서 다시 반란을 일으키는 상황을 실감나게 기록하였다.

평산군에는 총수산과 온천이 유명하여 예로부터 중국 사신을 접대하는 장소로 많이 이용되었기 때문에 중국 사신들의 시가 많은데 만일 주왕산이 서울과 가까이에 있었다면 주왕산에도 중국 사신들이 쓴 시가 많았을 것이다.

평산군민의 노래에도 총수산에 대한 내용이 나오는데 가사의 첫부분이 "총수산 보족바위 들쑥날쑥 절경이요……"라고 시작된다.

영양연당동석불좌상의 명문

영양군 입암면 연당동에는 통일신라시대의 석조약사불좌상(경상북도 유형문화재 제111호)이 있다. 이 석상의 등에 명문이 있는데 829년(흥덕왕 4)에 김범문이 영양군 일대에 세워진 탑과 석상에 관한 역사적 사실을 비기로 기록하여 놓은 것이다.

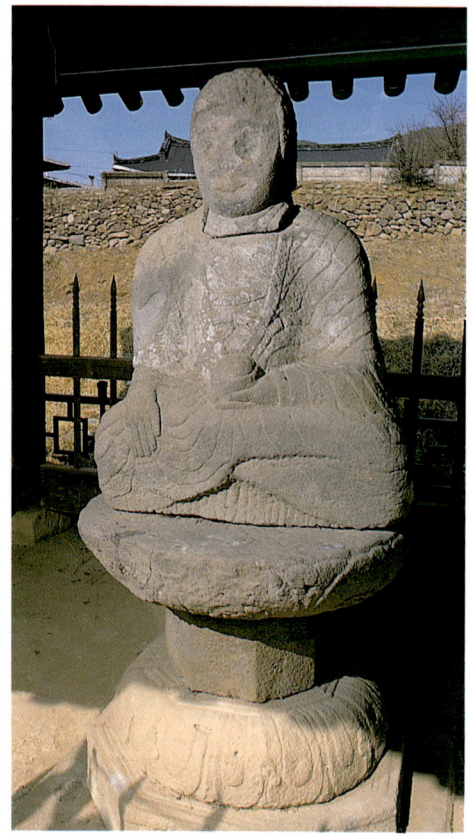
연당동석불좌상 석상 등에 있는 명문은 영양군 일대에
세워진 탑과 석상에 관한 사실을 비기로 새긴 것이다.

승려로 변장한 첫
해 을유년(829) 8
월 집안 승려(통효
대사)에게 미덕을
베풀어 줄 것을 부
탁하여 격에 맞게
역사(役事)를 하였
다. 모래밭에 성을
쌓아 진을 치고 전
투로써 침입자를 막
는 소임을 다하다가
목숨을 바친 중견의
장수와 군사들 영혼
에 잔을 올리고 죽
을 때까지 충성을
다하였던 격전지마
다 탑과 석상으로
장명등(長明燈)을
세워 귀감(龜鑑)으
로 삼고자 한다.

膝痒搔背〈市〉元年 乙酉 八月 佛家 成美 之無
所任 屯防 沙場 干戈 卽周 中堅 成佛 之死靡他
金鼓振天 獻酌 長明燈 戎削 像形 師表

김범문은 이 명문에서 자칭 슬양소배하는 사람이라고 하였는데 이
표현은 만년에 수도하였던 해인사 희랑대 법당 외벽에 그림으로도 그

려 놓았다. 즉 신분을 감추기 위해 승려로 변장하였다.

이때 세워진 탑과 석상들은 명문이 있는 이 석상 이외에도 봉감모전오층석탑(국보 제187호), 화천동삼층석탑(보물 제609호), 현일동삼층석탑(보물 제610호), 영양현이동모전오층석탑(경상북도 유형문화재 제12호), 영양삼지리모전삼층석탑(경상북도 유형문화재 자료 제83호), 영양신구리삼층석탑(경상북도 유형문화재 자료 제84호) 서부동삼층석탑, 신구리석불좌상 등이 있다.

주왕사적에 진성(眞城)이란 성이 나오는데 이 성의 영역은 영양군의 남부 지역인 영양읍, 입암면, 석보면 일대일 것으로 생각되며 주방산성

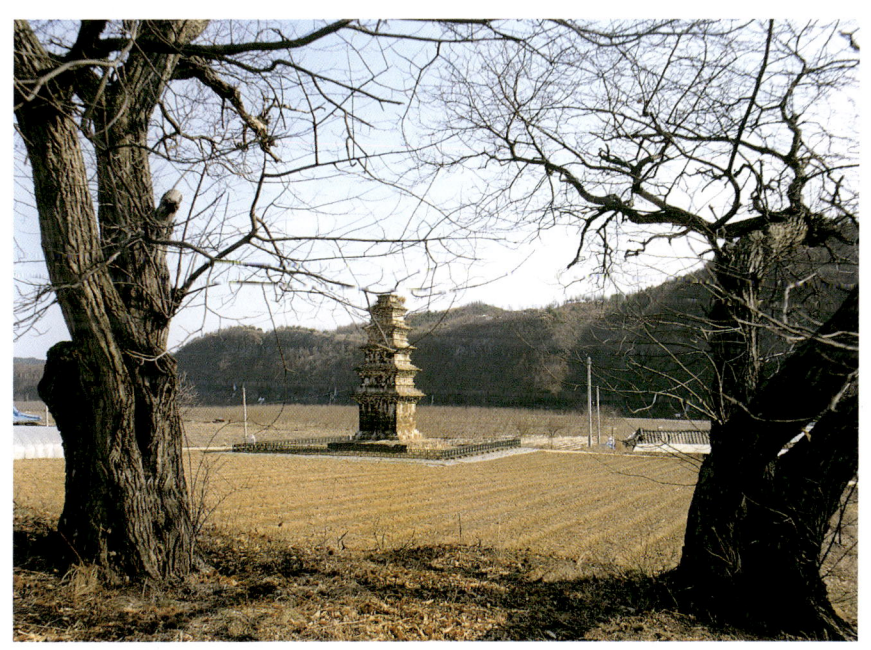

봉감모전오층석탑 국보 제187호로 높이가 11미터에 이른다. 진성의 격전지에 세워진 석탑들 가운데 하나로 탑의 규모로 보아 가장 격렬한 싸움이 벌어졌던 곳이다.

과 관련이 있는 성으로 진성이 도성이고 주방산성은 진성이 함락되었을 경우를 대비한 피란산성으로 보인다.

주왕사적에 진성 싸움에 대한 기록이 나오는데 825년 12월 13일(10월 그믐)에 시작하여 10일 동안 격렬한 싸움을 하여 김신이 이끄는 토벌군에게 크게 패한 것으로 기록해 놓았다. 이 싸움에 출전한 아군을 설령투신(雪嶺投身, 석가가 설산에서 고행하여 몸을 바위 밑으로 던져 나찰에게 줌)이라고 표현하고 있어 정예부대였던 중군이 거의 전멸하였음을 알려 준다. 김범문은 싸움이 끝난 후 북암을 창건하여 수도하다가 통효 대사의 인도로 삭발을 하고 승려로 변장을 하게 되는데 이때 전사자들의 공을 밝히고 명복을 빌기 위해 통효 대사의 도움으로 격전지마다 탑과 석상을 세웠을 것으로 생각된다.

이 상의 명문에서 밝히는 바에 따르면 이러한 탑과 석상들은 격에 맞게 세웠는데 격전지에는 탑, 장수가 죽은 곳에는 석상, 군사가 죽은 곳에는 모전탑을 세웠으며 싸움의 정도, 장수의 지위, 전사자의 수에 따라 각각 그 크기를 달리한 것으로 보인다. 전사자들의 공을 밝혀 귀감으로 삼는다던 김범문의 간절한 뜻으로 세워진 이들 탑과 석상들은 천여 년의 세월에도 풍상우로(風霜雨露)와 새소리를 벗삼아 그 자리를 굳게 지키고 있다.

가야산 희랑대와 비기

희랑대는 해인사 산내 암자이며 『신증동국여지승람』과 주왕사적을 근거로 연구한 결과 897년에 진철 대사가 창건하였다. 창건 당시에는 부벽루(浮碧樓)라고 불렸으며 김범문이 만년에 수도하였던 곳이다.

희랑대란 희의 낭달대(希衣朗達臺)라는 말로 희의(옛날에 임금이 사직이나 오사를 제사할 때 입던 수놓은 옷)를 입은 도사가 사는 집이라는 뜻이다. 해인사에는 보물 제999호로 지정된 목조희랑조사상(木造希

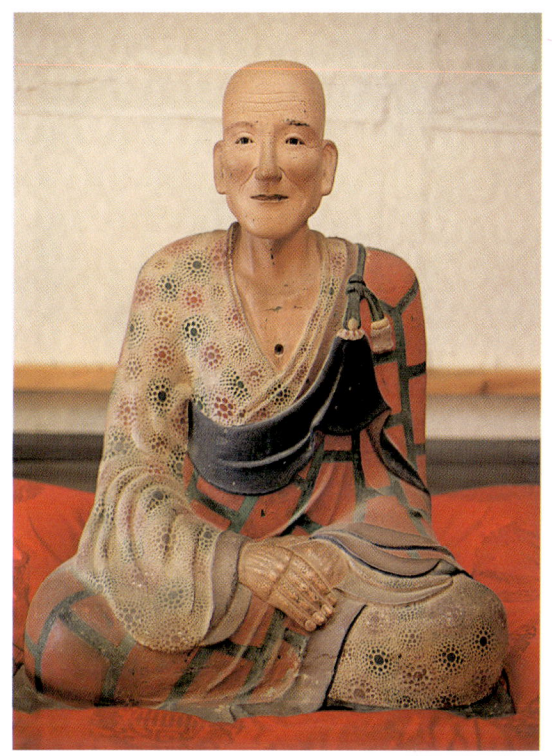

해인사 「목조희랑조사상」 보물 제999호로 지정되어 있다. 이 희랑조사상은 김범문을 백록대인 선생이라고 부른 기록으로 보아 김범문을 조각한 것이라는 의견도 있다.

朗祖師像)이 있는데 이 조각상이 입고 있는 옷이 희의이다. 주왕사적에 진철 대사는 김범문을 백록대인 선생(白鹿大人先生)이라 불렀다고 기록하였는데 여기서 백록은 백색 녹건(白色鹿巾)이라는 말로 흰옷을 입은 은자(隱者)란 뜻이다.

　『신증동국여지승람』「합천군」편에 '안진(安震)의 기문'이라는 김범문이 쓴 비기가 있는데 이 기록에 희의를 입게 된 동기가 자세히 나온다. 당시 이 암자에 살고 있던 김범문은 901년경 오랜 은거에서 다시 세상으로 나오면서 부주지(副住持)라는 관위에 오르게 된다. 이때 주

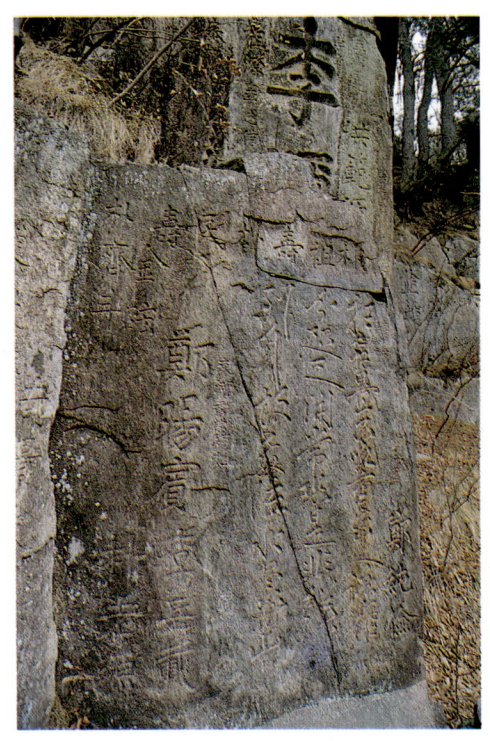

해인사 농산정 주변 바위에 새겨진 명문 진철 대사가 희랑대에서 수도하던 스승 김범문을
제2석굴암으로 보내면서 쓴 비기 형식의 글이다.

지었던 관혜와 갈등이 심하였는데 당시 상황을 용나호척(龍拏虎擲, 영
웅이 서로 싸움)이라 표현하고 있다. 김범문이 이 난국을 해결하려면
주지와의 관계를 끊을 수밖에 없다고 판단하고 일부러 상주(喪主) 행
세를 하였다. 항상 단소(丹素, 흰색 상의와 붉은 색 중의)를 입고 다
니고 남이 듣도록 큰소리로 망곡(望哭)을 하는 등 이상한 행동을 계속
한 끝에 주지와의 싸움을 피할 수 있었다고 한다.

어떠한 방면에도 능통할 뿐 아니라 항상 인심(人心)과 도심(道心)의 구별을 자세히 살펴 본심(本心)의 바른 길만을 찾아 행하고 임금(김헌창의 영혼)을 모시는 후계자(진철 대사)가 당나라에서 돌아왔다. 거의 빈사 상태에 있는 나를 두루 우러러 받들고 충고를 아끼지 않으며 서로 협력하여 강자(관혜)를 누르고 약자(김범문)를 돕는 데 힘을 기울였다. 또한 집안 깊숙한 곳에 지하실을 만들어 놓고 내 모습을 실물과 다름없이 교묘하게 조각하였다. 그것을 북쪽 전각에 장소를 정해 몰래 감추어 두고 내가 죽은 후에 생전의 공덕을 칭송하는 상(像)으로 삼도록 하였다.

不器 惟精惟一 天官
下車 之無 人鬼相半
皆 思慕 顯諫 戮力
抑强扶弱 亦 地牢 中冓 之無 鬼斧 己身
議 陰夏 誄詞

왕실의 침입자를 물리치다가 도망쳐 숨어 들어와 돌로 쌓은 축대 위에 높은 망루를 지어 놓고 태산같이 쌓인 원한을 노기 이런 큰소리로 울부짖네.

죽음을 눈앞에 두고도 가르침과 힘든 수도를 계속하시다가 이제 헤어져 임금(아버지 김헌창의 사당)을 가까이에서 배알하기 위해 숨어서 몰래 떠나시네.

언제 어디서나 늘 도리를 다한다고 하였으나 훌륭하신 부자(김헌창의 영혼과 김범문)를 모시는 데 부족함이 없었는지 두렵고 죄송스럽네.

눈물을 흘리며 말씀드렸네. '그곳 은거지(제2석굴암)에 가시더라도 변함없이 자상하게 가르쳐 주옵소서. 오랫동안 받아온 총애와 명령을 명심하면서 후계자들(낭공 대사와 낭원 대사)과 함께 비밀을 지키는 데 있는 힘을 다하겠습니다. 은거하시는 동안 만세(萬歲)를 비옵니다.'

枉矢 奔竄 疊觀 石疊 吼號 重恨 巒岡
人生如寄 語 難行 分襟 怨顔 尺寸 間步
常道 恐愼 是父是子
非禮之禮 聲淚俱下 到配 耳提面命
故寵 敎令 流輩 水泄不通 盡力 籠鳥 山呼

가야산 농산정 주변에 있는 바위와 비석에는 김범문과 진철 대사가 쓴 비기들이 새겨져 있다. 앞엣것은 김범문이 쓴 것으로 진철 대사와 조각상에 관한 내용을 담고 있으며 뒤엣것은 진철 대사가 쓴 것으로 912년, 희랑대에서 수도하던 스승 김범문을 제2석굴암으로 몰래 보내는 내용과 석별의 정을 담고 있다.

이 바위에 깊게 새겨진 글자들은 눈물의 자국이자 아픈 역사의 화석들이다.

군위삼존석굴과 삼존석굴모전석탑

제2석굴암에는 군위삼존석굴(軍威三尊石窟, 국보 제109호)과 삼존석굴모전석탑(三尊石窟模塼石塔, 경상북도 문화재 자료 제241호)이 있다. 『신증동국여지승람』「비안현(比安縣)」편에는 '김지경(金之慶)의 기문'과 '하륜(河崙)의 기문'이라는 비기가 있는데 이 기록에 석굴과 모전탑에 대한 자세한 내용이 나온다. 이 기록에는 삼존석굴을 요산헌(樂山軒)이라 하였고 모전석탑을 구요루(衢謠樓)라고 하였다.

요산헌은 인자요산 지자요수(仁者樂山 智者樂水)라는 공자의 말씀에서 따왔으며 구요루는 이 절에 일명 강구요(康衢謠)라고 부르는 염불

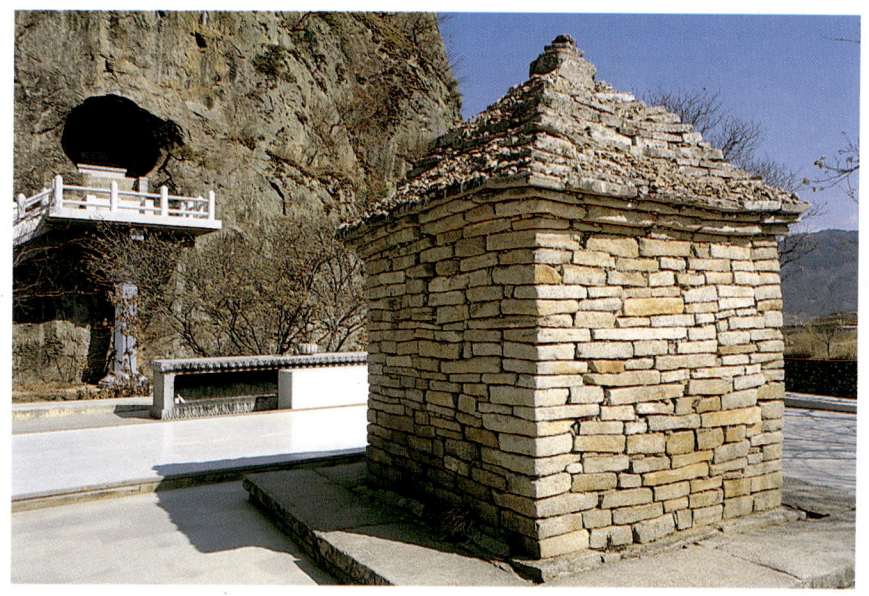

군위삼존석굴과 삼존석굴모전석탑 삼존석굴 정면 마당에 모전석탑이 있는데 이 탑 속에는 3층으로 된 탑 모양의 사리봉안구가 있다고 한다.

의 이름에서 따온 것이라고 한다. 주왕사석과 『신증동국여지승람』을 근거로 연구한 결과 이 절은 912년경 낭공 대사가 창건하였으며 당시 절 이름은 석남산사(石南山寺)였다. 이 삼존석굴과 모전석탑은 따로 떨어져 있지만 서로 깊은 관계를 맺고 있는데 이를 입증하는 기록에 「백원첩(白猿帖)」이라는 비기가 부림 홍씨 문중자료인 「경재선생실기(敬齋先生實記)」에 실려 있다.

　　위층에 있는 것

　　우리나라에 은사(隱士)가 사는 곳(제2석굴암)이 있는데 승려처럼 무아의 경지에서 도를 닦는 사람이 살았다. 사당*에 매월 공양을 하

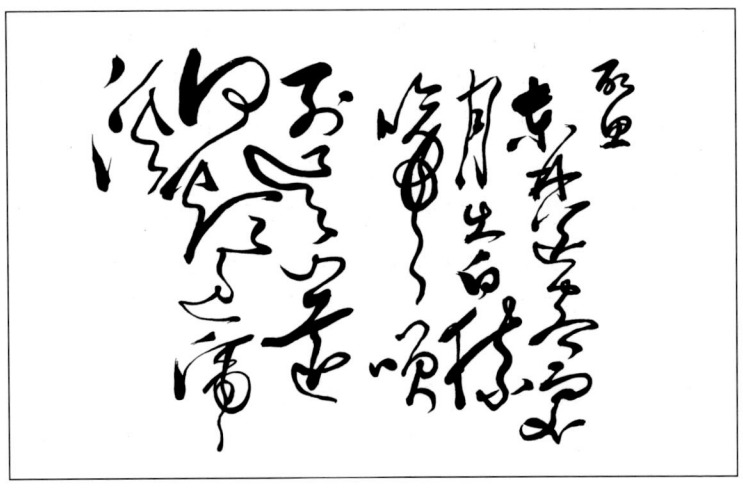

백원첩 군위삼존석굴과 삼존석굴모전석탑의 관계를 입증하는 기록이다.

던 살아 있는 부처 백록*이 수도를 하다가 별세하였다. 옥골과 핍복*
그리고 영혼을 아버지가 있는 곳의 남쪽 마당에 예를 갖추어 몰래 소
중히 봉안해 두었다.

列席 上層
東國 林泉 在家 無我 家廟
月牌 生佛 白鹿〈白猿〉
修道 順緣
玉骨 乏服 靈魂
日南 坒地 備禮
珍藏

사당 : 가묘
백록 : 백원
핍복 : 의복

이 비기는 916년에 낭공 대사가 쓴 것으로 생각되며 김범문의 장례에 관한 기록문으로 보인다. 여기서 백원은 백록 즉 김범문을 말하며 아버지는 김헌창, 가묘는 석굴을 일컫는다. 관련 기록에 의하면 이 석굴은 김헌창의 신주를 모신 사당으로 김범문이 생전에 참배하였던 곳이었다. 삼존석상은 원래 본존상만 있었으나 923년(고려 태조 6)에 김범문의 제자였던 낭공 대사가 입적하자 낭원 대사와 진철 대사 등이 좌우 보살상을 세우고 석굴이 위험하다는 이유를 들어 석굴 입구를 막아버렸다고 한다.

모전석탑도 이때 만들었으나 당초부터 해체를 전제로 만들어졌다. 이 탑 속에는 3층으로 된 사리봉안탑이 있다고 하는데 위층에는 김범문의 사리, 중간에는 낭공 대사의 사리, 아래층에는 이 절의 비밀을 전수받은 후계자들의 사리가 함께 봉안되어 있었다고 한다. 삼존석굴은 천년 동안 바위 속에 숨겨져 있다가 1927년에 최두환 씨가 발견함으로써 다시 햇빛을 보게 되었다.

시와 노래

산에 대한 시와 노래는 사라지지 않는 산의 생명이고 살아 있는 산의 혼이다. 이들은 인간과 자연이 나누는 대화요 장단이요 메아리이다.

주왕산에는 산의 아름다움과 전설을 읊은 시와 노래가 많다.

시에 담긴 주왕산

고려와 조선시대를 지나면서 유명 무명의 많은 시인 묵객들이 주왕산의 절경과 유적들을 시로 읊었다. 그 가운데 주왕산 이름의 유래인 주왕의 유적과 전설을 읊은 시를 소개한다.

봄기운이 물씬 풍기는 주방계곡

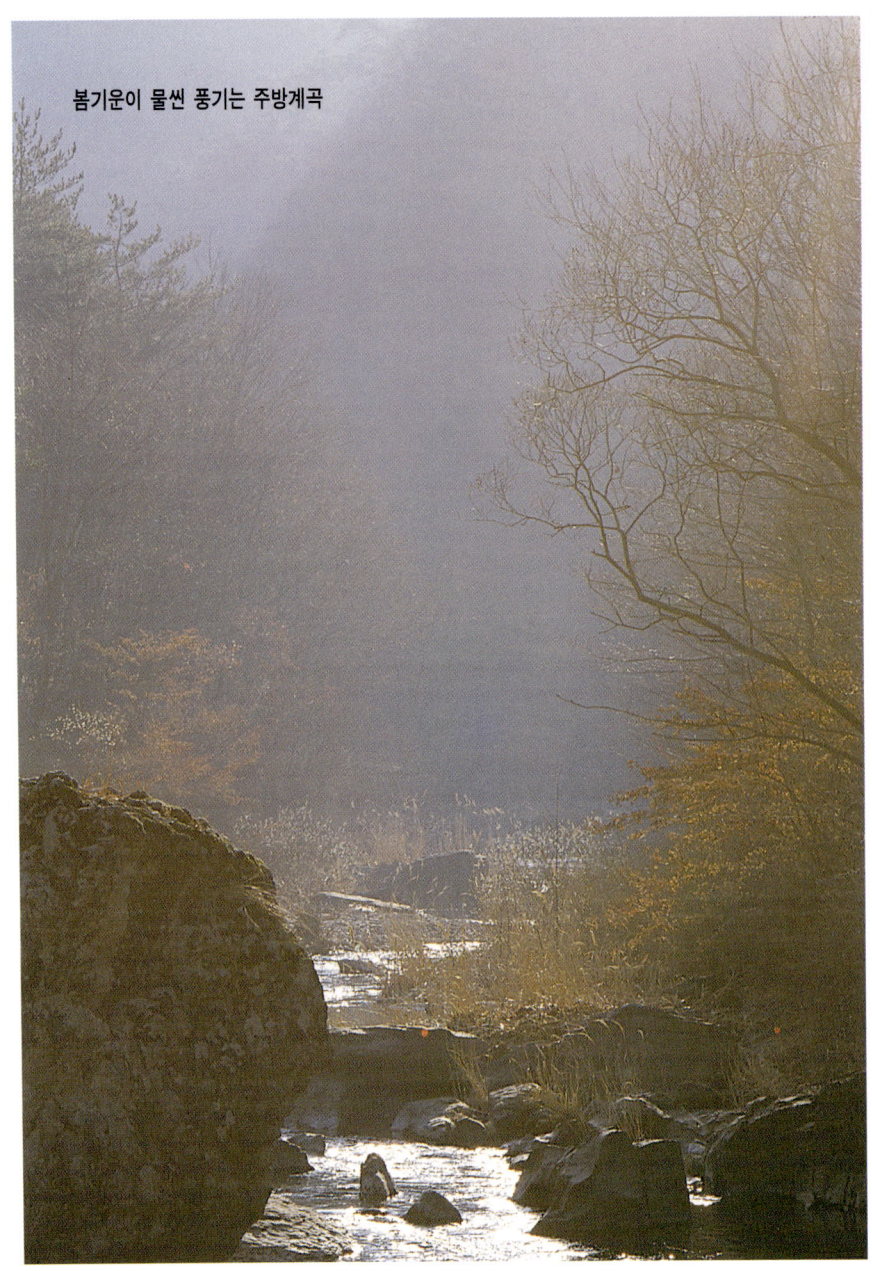

주왕전고기(周王殿古基)
풀을 헤치고 산 궁궐을 찾으니
능선에 나직이 해가 지네
층계는 이미 평지가 되었고
기와는 풀어져 흙이 되었네
모양새가 좁으니 높은 사람의 집은 아닌 것 같고
숲이 울창하니 차라리 새집이라 할 것 같구나
흥망이 천고의 한이 되니
휘파람 길게 불며 서쪽 계곡을 지나간다
— 김성일(金誠一, 1538~1593년)

주왕전고기(周王殿古基)
절벽은 하늘을 받쳐 솟아 있고
뜬구름은 개울물에 잠기네
왕의 위풍 덩굴 풀에 남아 있고
왕궁은 이미 무너졌네
큰 사건은 자취가 없고
천년 세월 학이 살아 있네
한마디 노래 부르고자 오래도록 앉았더니
가을해가 서쪽 산으로 기우네
— 작자미상

노래에 담긴 주왕산

언제 누가 불렀는지 알 수 없지만 주왕산에는 '주왕산 노래'라는 주왕산의 아름다움을 노래한 것이 있다. 주왕산을 오르면서 곳곳의 절경들을 보고 느낀 것이 가사에 녹아 있다.

주왕산 노래

1. 만고불명 주왕산을 찾아보려고 험한 산길 굽이굽이 돌아서 간다
좌우의 층암절벽 웅장도 하고 낮은 골에 시냇물은 맑기도 하다
2. 첫째로 들를 곳은 왕거암이라 임금님이 험한 산길 다니시다가
피곤한 다리를 쉴 곳이 없어 굳은 바위자리에 쉬어 섰다네
3. 둘째산경 어드메뇨 용추폭포수 비단물결 떨어져서 백옥이 되면
빙빙 도는 수파는 고요히 흘러 말없이 넓은 바다 길을 떠나네
4. 셋째산경 어드메뇨 학소대로세 천년만에 꿈을 꾸는 청학백학이
비바람에 그 자취 변함이 없이 오고가는 사람의 눈을 끈다
5. 넷째산경 어드메뇨 청학봉이라 학소대에 길들여진 청학백학이
떼를 지어 이 골로 왕래할 적에 허다산곡 다 버리고 오직 이 골뿐
6. 제5산경 어드메뇨 향로봉이라 옛날에 어떤 성왕 불공드릴 때
돌 향로에 불 담아 정성 드리니 오늘날 향로는 간 곳이 없네
7. 여섯째 들를 곳은 급수암이라 사정없이 타는 목을 적실 수 없어
이 봉 허리 줄을 매어 맑은 물 길러 해갈하고 숨을 쉬던 급수암이라
8. 일곱째 들를 곳은 취선암이라 백옥 같은 흰 골에 취함이 있어
세상에 괴로움을 견디다 못해 지금부터 몇 해 몇 달 몇 날이 되나
9. 여덟째 들를 곳은 주왕굴이라 몸을 뛰어 이곳을 찾았건마는
운명이 다하여도 뜻 못 이루고 이 굴속에 천추의 한을 남겼네
10. 아홉째 들를 곳은 연화봉이라 춘하추동 변함없는 연꽃송이는
임자 없는 강산에 외롭게 피어 오고가는 사람의 눈을 끈다
11. 열째로 들를 곳은 자하성이라 주인 잃은 자하성을 찾아 부르며
옛일을 곰곰이 생각해 보니 가엾고 애처로워 처량도 하다
12. 그 다음 들를 곳은 연화굴이라 굴속에 연꽃이 피어 있으면
향기도 날 듯한데 향기는 없고 서늘한 바람만 낯을 스친다
13. 기암에 기를 꼽던 장하신 어른 지금은 어디 가고 기 없는 바위

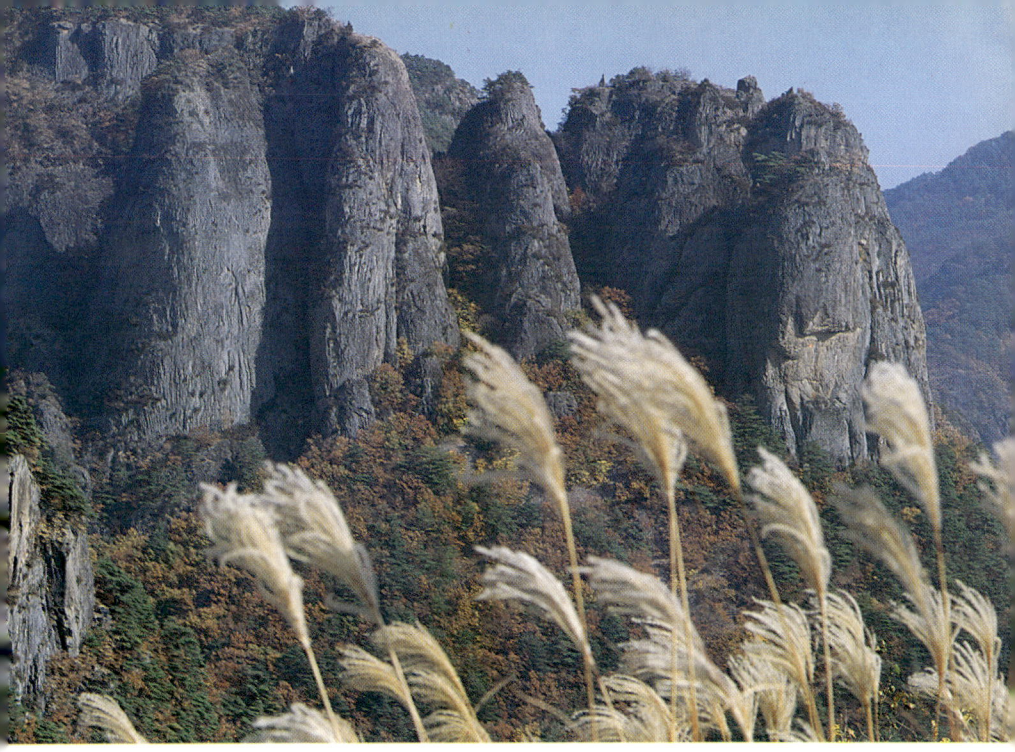

기암 연봉 기암에 기를 꼽던 장하신 어른 지금은 어디 가고 기 없는 바위
우뚝 서서 그 이름은 변치 않고서 천추에 맺히도록 기암이라네.

우뚝 서서 그 이름은 변치 않고서 천추에 맺히도록 기암이라네
14. 그 다음 보일 곳은 옥녀봉이라 하늘의 선녀들이 이 봉에 내려
춤을 추며 노래 불러 즐겨 놀다가 주왕이 한번 간 후 이름만 있네
15. 이리저리 주왕산경 구경 다하고 서산낙일 지는 해는 황혼이 되어
대전사에 잠깐 들러 피곤한 몸을 하룻밤 쉬어 가리라
                            ― 작자연대 미상

주왕산 유람가
　작자, 연대 미상의 규방가사(閨房歌詞)로 모두 292구이다. 청송 주
왕산을 유람하고 그 절경을 노정에 따라 비교적 세밀한 필치로 표현한

작품으로 1954년에 필사된 것이 경북 청송군 청송읍 월막리에서 수집
되었다.

(앞부분 생략)

청송읍	앞내건너	청운역	당도하니
삼백여호	역촌생활	풍속이	유유하다
남산에	저정자는	황처사의	고적인듯
그길로	바로따라	송생삼위	거처가니
그립고	반가워라	속객에	오난정적
성격이	외람쿠나	—	—
아는주인	여관정해	하룻밤	숙박하니
친절한	손님대접	고맙기도	하련마는
우연찬타	주인여자	음률수단	능란하야
읍성기요	한곡조	단소리로	화답하여
청상에	선녀풍악	완연히	날려온듯
오경에	취침하야	온숙으로	밤보내고
평명에	일어나서	조반을	다한후에
구경에	취한마음	앞에자를	재촉하니
곤한닭	개간운듯	정숙히	걸음옴겨
극락전	찾아가니	옛터만	남았으랴
백련암	대전사를	차례로	구경하니
전도에	불도숭상	그안이	거룩한가
석가여래	착한도덕	대자대비	수애일다
문노라	부처님	우상이	깊이있어
귀중한	금손가락	감중연	기러꼽아
풍풍우우	색지가며	묵묵히	높이앉아

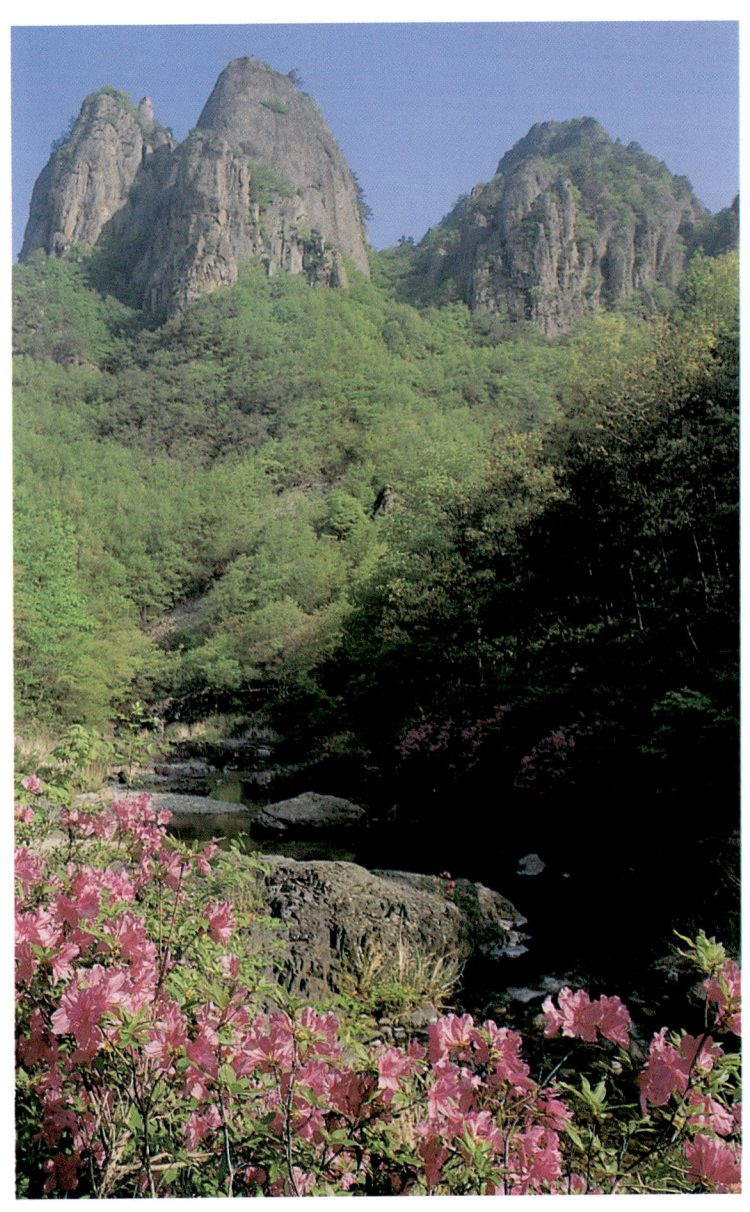

수달래 핀 주방천을 배경으로 우뚝 솟아 있는 기암

명상도
우리비록
구경이야
일보이보
천장만장
용감하다
단정한
환심할손
아까워라
가학루
이몸이
황그럽다
뜰앞에
좌우에
별루천지
오늘날
양장의
처사가
양주양록
목적한
조화에
귀신에
소진장의
천하일수
옛날에
머나먼

깊으련만
여자이나
하건마는
걸음하야
연화봉은
저기암은
옥녀봉은
자하성은
전나무는
선듯올라
신선인듯
주왕암은
기화요초
층암절벽
비인간은
우리놀음
굽은길로
위를서고
아니런들
주왕굴이
화롯불로
도끼로써
변사라도
화공인들
주왕님은
우리조선

경계도
감상은
몰라봄이
실지
옥부용이
기치창금
우리보고
봄풀이
어찌하여
잠시간
신선이
백발노승
속객을
면면이
옛말로
이곳이
차츰차츰
석층으로
등척하기
기이할손
녹여낸들
쪼아낸들
형용할수
그려내기
무슨억원
피난차로

많을세라
일반이라
애달하다
전진하야
깍은듯이
버렸으랴
반기는듯
우거졌네
없어졌나
배회하니
이몸인듯
연불공부
조소하다
기이하다
들었듯이
안일런가
나아가서
올라서니
만무하다
여기로다
이러하며
이러하랴
바이없고
극난이다
지중키로
여기왔나

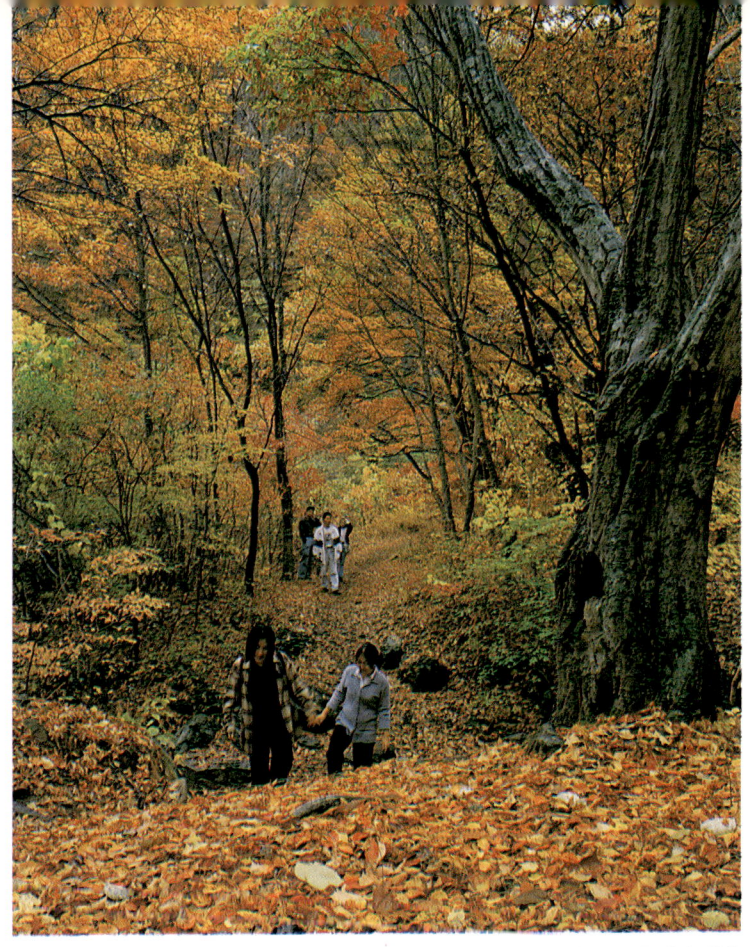

내원동 가는 길 제3폭포에서 내원동 가는 길이다. "나그네 오시는 길에 오색 낙엽 뿌리오니 고이 즈려 밟고 오소서!"

천병단아　　진을치고　　성공을　　기약터니
애달하다　　천운이여　　쇠가꾸리　　무삼일고
반공에　　떨어진물　　그의눈물　　안일런가
용추에　　물흐르니　　천추에　　오열토라
청학동　　돌아드니　　증석도　　좋을세라
청학은　　어디가고　　학소대만　　남아있나

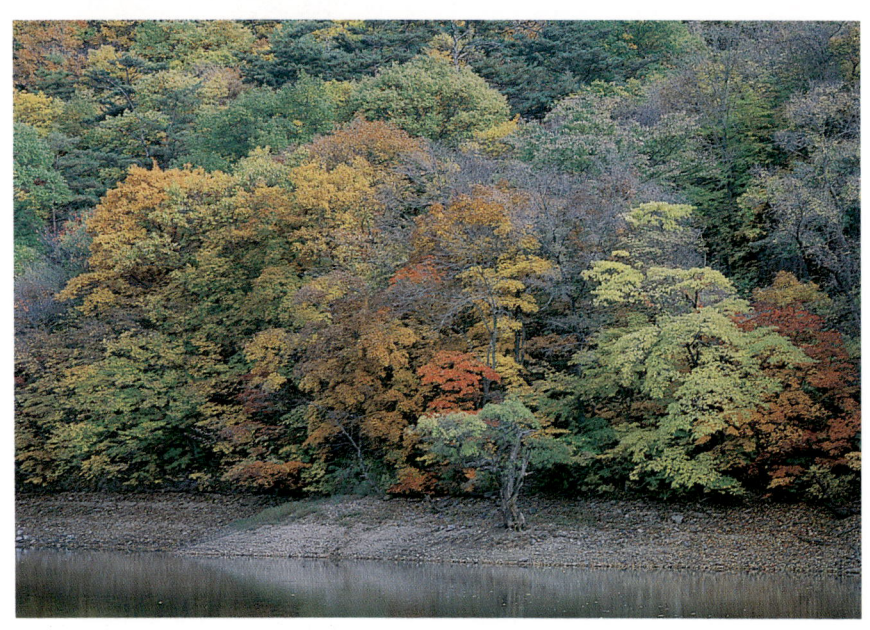

가을빛으로 물든 주산지

옛날에는	있다더니	너간곳이	어디메요
속객을	싫어하야	운소로	날아갔나
일성장명	비애울음	한번듣기	소원이라
천계에	물마시고	백석에	반좌하니
이만해도	선객이며	진세세월	멀리한들
봉봉이	기린같고	바위마다	기절하다
일폭화도	그려내어	벽상에	옷걸고
완보탐승	하였으며	그안이	좋을손가
내용추	저폭포는	은하수	떨어진듯
천상선녀	고운솜씨	백비단	짜아내어
청강절벽	높은곳에	보기좋게	걸어놓고
인간사람	구경꾼에	자기자랑	하자든가

대장부를	겨루자면	기개도	늠름하며
몇부로	비겨보며	절개도	곧을세라
문장으로	구경하며	하용산출	글을쓰고
화객으로	붓을들며	일등명화	해리로다
어느사람	물론하고	이구경	한번이면
세상사람	다던지고	헌몽이	깊을세라
부패한	세상청년	이곳으로	합하야
정심공부	같이하면	개과천선	절로될듯
백사장에	쌓인물이	청소가	되어있다
천지개벽	오늘까지	간담없이	흐르는물
유곡이	깊어서라	용국이	불측하다
부탁하자	저용왕아	주왕산을	보호하소
조선팔경	명산으로	우리청송	자랑이라
면전에	축하석은	그의미	안일런가
슬프다	우리일행	구식에	태어나서
가정교육	있건마는	학교교육	막내하다
문명세상	오늘날에	무식여자	애들하다
이상은	명산구경	무엇으로	기념할꼬
서양각국	여자들은	비행기로	구경가나
우리들의	심관에는	주왕산이	연분이라
이틀만에	회정하니	산하에	작별이라
주왕산아	잘있거라	명년사월	다시보자
꽃피고	잎푸를때	너의생각	없을손가
손님이별	허다하니	너야심상	하지마는
우리들은	처음이라	떠나주기	섭섭하다
청계에	수단화는	만발춘색	자랑하고

옛암자	쇠북소리	손님전별	아끼는듯
하물며	주인집은	악수석별	못대하야
여자의	약한마음	명산작별	못할지라
옥녀봉	고운자세	초록치마	단장으로
반허리	둘러매며	여전작별	못이룬듯
자동차	한바람에	무사히	환가하니
이러니	생각하니	일장춘몽	훌훌하다
어젯날	신선몸이	오늘날	진시로다
유람가	일장으로	우리서로	즐기다가
동서로	흩어진후	영원무궁	기념하세

주왕산 가는 길

주왕산국립공원은 바위산으로 이루어진 아름다운 자연공원으로 바위
가 병풍처럼 둘러싸고 있다 하여 석병산이라고 불리기도 하였다. 곳곳
에 숨어 있는 기암절경과 주왕의 전설이 살아 숨쉬는 명소들이 사람의
발길을 머물게 한다. 그래서 찾는 사람도 줄을 잇는데 찾아가는 길은
다음과 같다.

대중교통 이용

대구와 안동에서는 청송행 직행버스가 있고, 청송에서는 주왕산과
달기약수터를 오가는 버스가 수시로 있다.

서울에서 오는 길은 동서울종합여객터미널에서 청송행 또는 주왕산
행, 달기약수터행 직행버스를 이용하면 된다. 하루에 5회, 오전 6시 20
분부터 청송과 주왕산, 달기약수터로 출발하는 차가 있으며 달기약수
터는 특별히 오후 10시 20분에 출발하는 차편이 하나 더 있다.

이 밖에도 울산, 부산, 경주 등지에서도 청송행 또는 주왕산행 직행
버스가 있는데 차편은 각 지역 여객터미널의 자동안내로 연락하여 알
아볼 수 있다. 아래 연락처로 연락하면 된다.

동서울종합여객터미널   02-458-4853
대구동부여객터미널   053-756-0017
청송여객터미널   0575-873-2036
안동여객터미널   0571-857-8298
부산동부여객터미널   051-554-7811

자가용 이용

고속도로를 따라 안동, 의성 방면에서 가면 청송을 지나 청운에서 좌회전한다. 영천, 포항 방면에서 계속 가다 삼자현을 지나면 꽃밭등이 나타난다. 거기에서 우회전하면 얼마 가지 않아 주왕산국립공원에 도착할 수 있다. 근처는 경치도 좋고 쉬어갈 곳도 많아 드라이브코스로 손색이 없다.

또 중부고속도로로 증평 나들목에서 괴산, 문경, 안동을 거치거나 영동고속도로 원주 나들목을 통해 제천, 단양, 영주, 안동을 거쳐 청송으로 가도 된다.

주왕산행 안내

▲ 제1코스 : 10.4킬로미터, 4시간 10분 소요

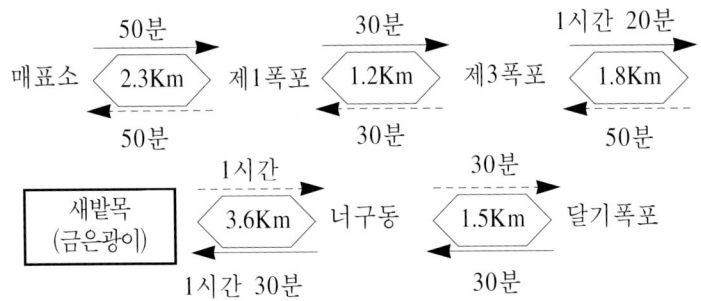

▲ 제2코스 : 10.6킬로미터, 4시간 30분 소요

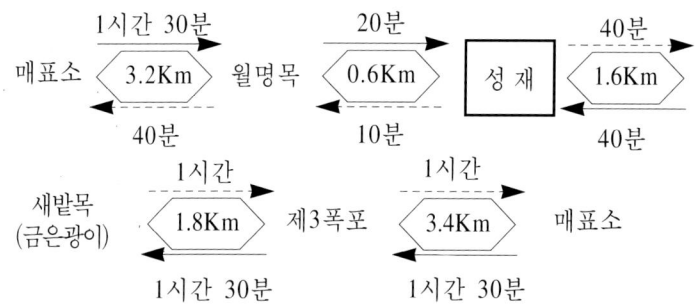

▲ 제3코스 : 14.7킬로미터, 6시간 10분 소요

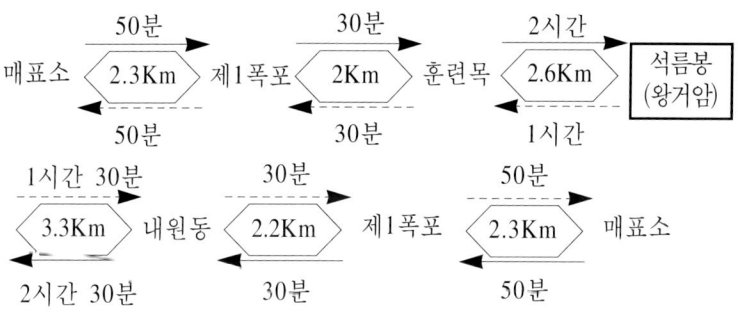

▲ 제4코스 : 8.8킬로미터, 3시간 40분 소요

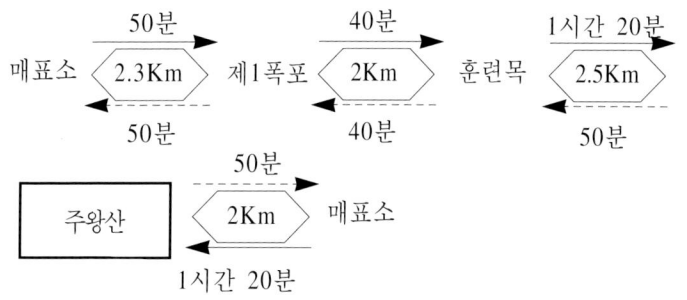

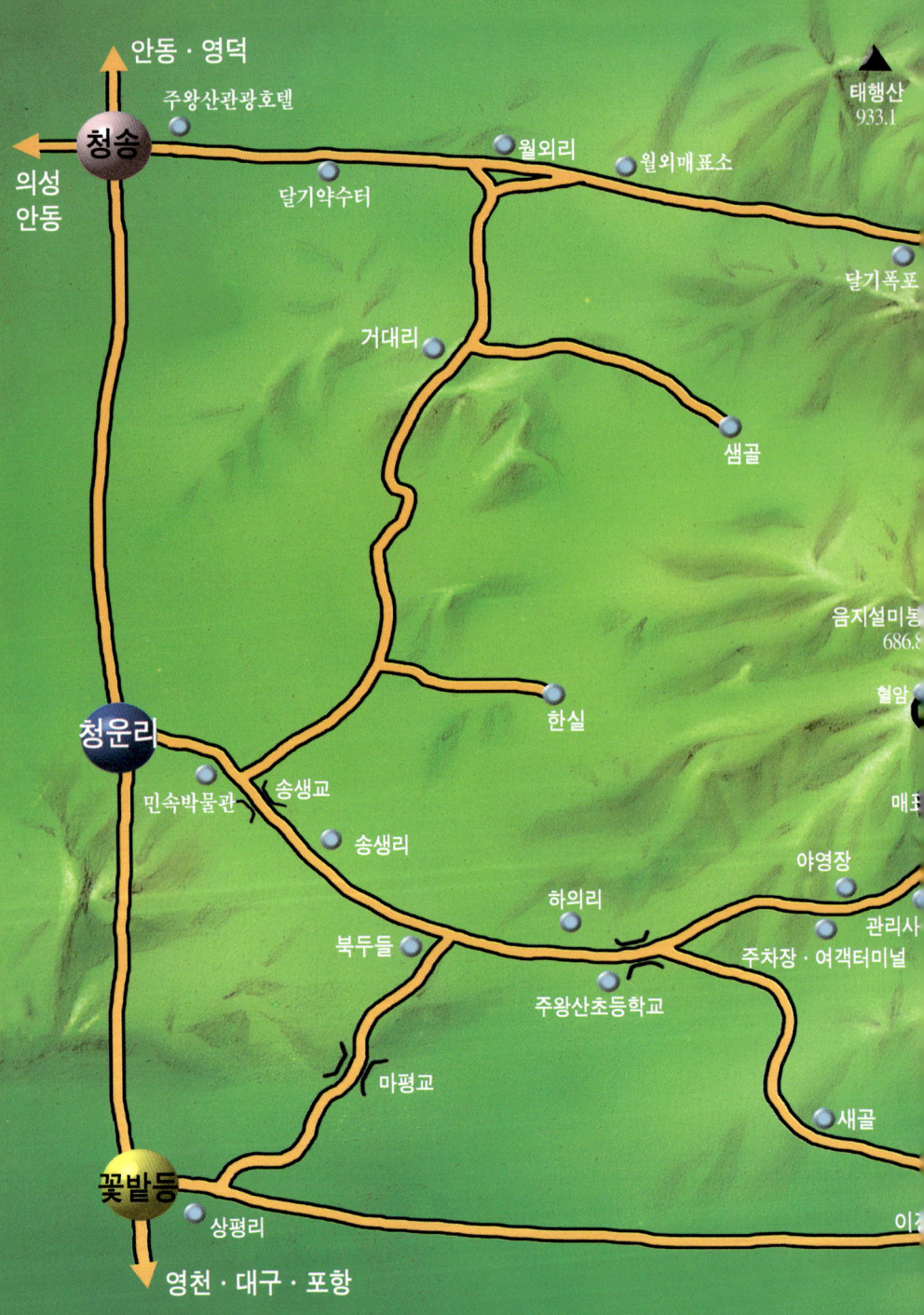

안동 · 영덕

청송

의성
안동

주왕산관광호텔

월외리

월외매표소

달기약수터

달기폭포

태행산
933.1

거대리

샘골

음지설미봉
686.8

청운리

한실

혈암

민속박물관

송생교

매표

송생리

야영장

하의리

관리사

북두들

주차장 · 여객터미널

주왕산초등학교

새골

마평교

꽃밭등

이

상평리

영천 · 대구 · 포항

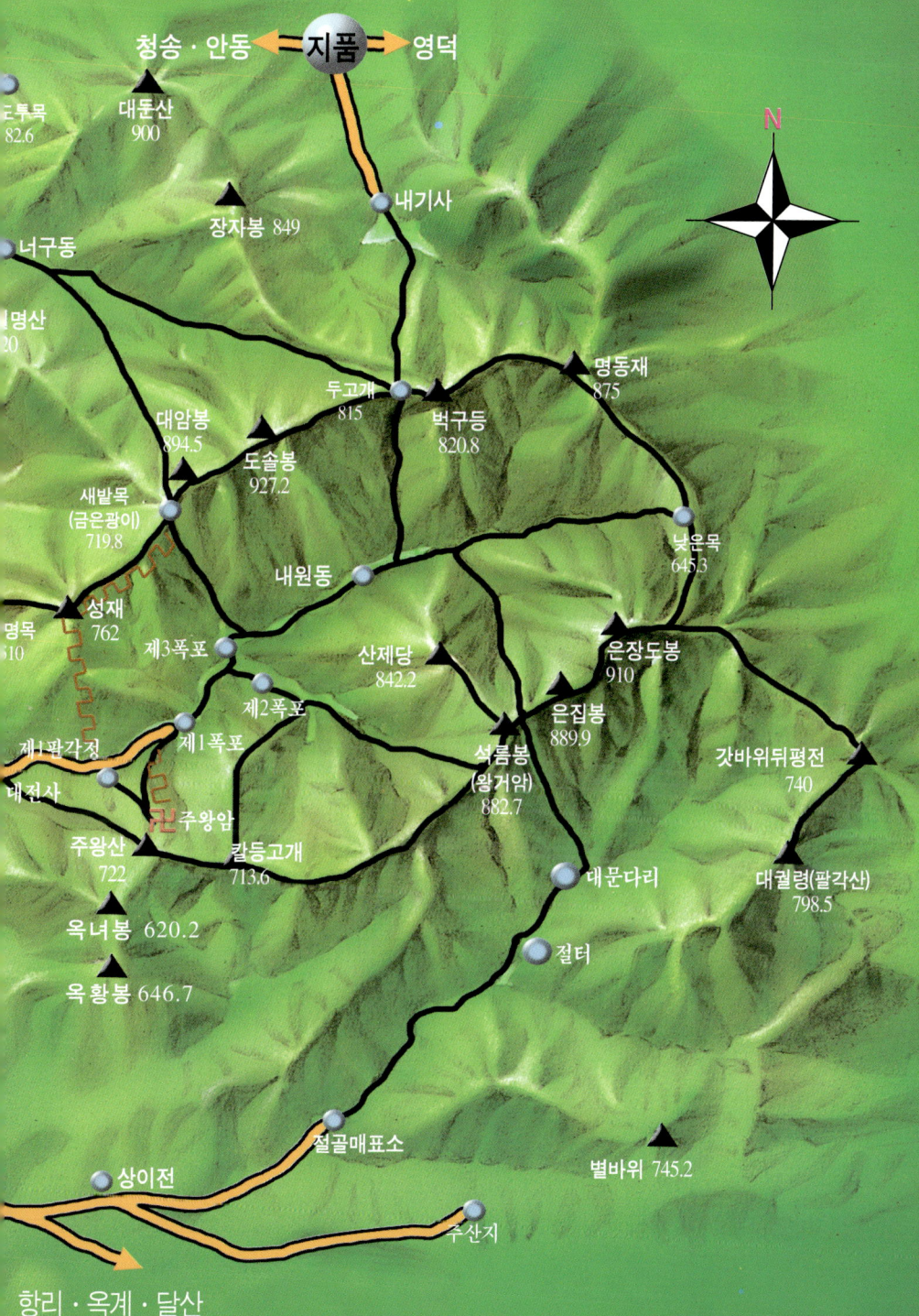

청송 · 안동 ← 지품 → 영덕

더투목
82.6

대둔산
900

장자봉 849

내기사

N

너구동

명산
20

두고개
815

명동재
875

대암봉
894.5

벅구등
820.8

도솔봉
927.2

새밭목
(금은광이)
719.8

내원동

낮은목
645.3

성재
762

명목
10

제3폭포

산제당
842.2

은장도봉
910

제2폭포

제1폭포

은집봉
889.9

갓바위뒤평전
740

제1판각정

대전사

주왕암

석름봉
(왕거암)
882.7

주왕산
722

칼등고개
713.6

대문다리

대궐령(팔각산)
798.5

옥녀봉 620.2

절터

옥황봉 646.7

절골매표소

별바위 745.2

상이전

주산지

항리 · 옥계 · 달산

▲ 제5코스 : 13.5킬로미터, 6시간 소요

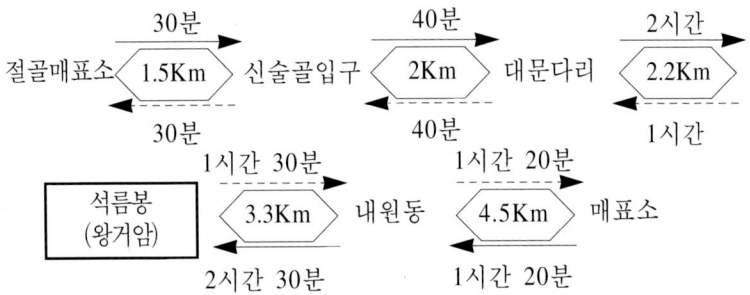

주왕산 특산

주왕산의 먹거리로는 산채요리와 달기약수로 만든 약수백숙이 제일
이고 산행을 마친 후 동해안 쪽으로 나가면 산과 바다의 정취를 연달아
즐길 수 있어 좋다.

천년 전설의 실체를 찾아

 어느 곳이나 세월이 지나면서 원형이 훼손된 문화 유산이 많다. 특히 주왕산은 전설로 치부되었던 이야기들도 많고 일제시대 벌목이나 도로 개설 등으로 자연 훼손이 심하여 옛모습 그대로를 보여 주지 못하고 있는 것이 현실이다.

 그러나 이제는 국립공원으로 지정된 지 10년이 훌쩍 넘었고 그동안 주왕산의 전설에 대한 인식들도 변하여 수려한 경관에 걸맞는 자신만의 모습을 되찾아 주어야 할 필요가 있다.

 그 가운데서도 대전사삼층석탑은 금강탑이라고 불리는 쌍탑으로 언제 허물어져 버렸는지 모르지만 현재는 형체를 알아보기 힘들게 되어 버렸다. 복원이 힘들 정도로 파괴되었지만 옛모습을 되찾아 주는 것이 주왕산의 역사를 세우는 일이며 불심을 세우는 일이라고 생각한다.

 금오택도 옛날 기록에 보면 자주 나오는데 금자라 이야기, 용이 우는 이야기, 배를 띄워 물놀이하던 이야기 등이 마치 전설처럼 전해 내려온다. 지금의 위락장 밑에서부터 급수대 앞까지의 하천에 있었다는 금오택은 주방산성의 해자로 만들어졌으나 그 후 하류 지역의 가뭄을 막기 위한 저수지 기능과 함께 아름다운 명소로 자리잡고 있다가 오래 전에 없어져 버렸다. 이 금오택이 다시 살아나면 주왕산의 많은 것들이 다시 살아날 것이다.

동문루는 주방산성의 성문이었으며 현재 제1팔각정이 있는 곳이다. 성벽과 연결하여 2층으로 축조되어 위층에는 망루, 아래층에는 성문이 있었을 것으로 추정된다. 조선시대 선비들이 아끼던 시설로 1591년(선조 24)에 이광준 청송부사가 수리하였다는 기록이 있다. 조상들이 이 동문루를 소중히 여겼던 것은 분명히 이유가 있었을 것이므로 복원을 통해 그 이유가 무엇인지 밝혀야 할 것이다.

달기폭포는 떨어지는 물과 받아 주는 물이 서로 어울려야 완전할 수 있다. 기록과 전설을 종합하여 보면 달기폭포가 바로 그런 폭포였을 것이다. 그러나 일제시대 때 길을 만들면서 폭포소를 다 메워 버려 그런 아름다움을 볼 수 없게 되었다.

메워진 폭포소 바위 밑에는 많은 것들이 깔려 있다. 전설 속의 용(龍)이 깔려 있고 비경이 깔려 있으며 우리의 혼이 깔려 있다. 크게 울리는 폭포 소리는 이들이 깔려 울부짖는 소리이다. 길을 만들었던 힘의 반만 들이면 옛모습을 되찾을 수 있을 것이다.

주방산성을 주왕이 쌓았다는 것은 예로부터 잘 알려진 사실이다. 그러나 이 주왕이 중국사람이라는 왜곡된 역사로 인해 주방산성 또한 남의 일처럼 외면되어 온 것 또한 사실이다. 이제 주방산성도 우리 조상의 흔적이고 우리 역사의 일부라는 사실을 인식하고 부분적으로나마 옛날의 모습을 되찾아 주어야 하겠다.

이처럼 주왕산의 역사는 아픔과 혼돈의 역사였다. 아픔은 숨겨진 역사로, 혼돈은 전설로 바뀌면서 역사는 왜곡되고 말았다.

필자는 주왕산에서 전설의 실체를 발굴하기 위해 2년 동안 주왕산의 크고 작은 바위 틈새를 수도 없이 들락거렸고 높고 낮은 봉우리를 부지런히 오르내렸다. 그 결과 바위 위에서, 굴속에서, 문헌 속에서 천년

전 전설의 실체들을 만날 수 있었다.

주왕사적에서 김범문은 이렇게 말하였다고 기록하고 있다.

……이 비결(秘訣)이 세월이 멀어지고 사람들 재주 또한 줄어들게 되면 전하고 받는 것이 가히 일만분의 일도 안 될 것이므로 마음이 늘 쓸쓸하다……

김범문이 예상하였던 것처럼 필자의 연구에는 미치지 못한 부분이 많다고 생각한다. 그러므로 앞으로 주왕산에 대한 좀더 체계적이고 종합적인 조사·연구가 있어야 할 것으로 생각된다. 아울러 주왕사적 관련 연구는 아직은 정사(正史)가 아님을 밝혀 둔다. 이 사실들이 정사로 인정되려면 전문가들의 조사·연구와 함께 관련 기관의 공식적인 견해가 있어야 하겠다.

주왕사적 관련 연대표

연 대		김주원	김헌창	김범문	통효대사	낭공대사	진철대사
736	성덕왕 35	탄생					
776	혜공왕 12	(41세)	탄생				
785	원성왕 1	금성에서 명주로 퇴거 (50세)					
788	원성왕 4	(53세)	(13세)		탄생		
804	애장왕 5	(69세)	(29세)	탄생	(17세)		
822	헌덕왕 14	(87세)	·웅천주에서 반란 ·총수산에 은거 ·진성에서 은거 시작(47세)	·북한산주에서 반란 ·총수산에 은거 ·주왕산에서 은거 시작 (19세)	(35세)		
825	헌덕왕 17	(90세)	·진성 싸움에서 패하고 주방산 성으로 피란 ·주방산성에서 생포(50세)	·주방산성 싸움 에서 탈출 (22세)	(38세)		
826	헌덕왕 18	(91세) ※사망년도 미상	명주에서 참수 (51세)	주왕산 북암을 창건한 후 수도 (23세)	(39세)		
828 〜 830	홍덕왕 3 〜 홍덕왕 5			통효대사를 스승으로 모심 (25~27세)	·주왕산으로 와서 김범문의 스승이 됨 ·김범문의 부탁 으로 진성에 탑과 석상을 세움 (41~43세)		
831	홍덕왕 6			(28세)	당나라에 유학 (44세)	·	
832	홍덕왕 7			(29세)	(45세)	탄생	

연 대		김주원	김헌창	김범문	통효대사	낭공대사	진철대사
840	문성왕 2			주왕산에 운수 암을 창건하여 북암에서 이거 (37세)	(53세)	(9세)	
847 ~ 851	문성왕 9 ~ 문성왕 13			통효대사와 수 도(44~48세)	·당나라에서 귀국 ·운수암에서 김범문과 함 께 수행 (60~64세)	(16~20세)	
852	문성왕 14			통효대사와 헤 어짐(49세)	주왕산을 떠나 굴산사에서 수 행(65세)	굴산사에서 통효 대사의 제자가 됨(21세)	
859	헌안왕 3			(56세)	(72세)	(28세)	탄생
870 ~ 885	경문왕 10 ~ 헌강왕 11			(67~82세)	(83~98세)	당나라에 유학 (39~54세)	가야산 갑사에 서 출가, 수행 (12세)
889	진성여왕 3			(86세)	굴산사에서 입 적(102세)	낭원대사와 함께 김범문의 제자가 됨(58세)	(31세)
802	진성여왕 6			(89세)		주왕암과 대전사 칭긴(61세)	(34세)
897	진성여왕11 (효공왕 1)			주왕산 운수암 에서 가야산의 희랑대로 이거 (94세)		경주로 감(효공 왕이 국사로 예 우, 66세)	·희랑대 창건 ·당나라에 유 학감(39세)
911	효공왕 15			희랑대에서 진 철대사와 수도 (108세)		(80세)	·당나라에서 귀국 ·희랑대에서 김범문과 수 행(53세)
912 ~ 914	신덕왕 1 ~ 신덕왕 3			·가야산 희랑대 에서 석남산사 (제2석굴암)로 이거		·석남산사 창건 ·김범문과 수행 (81~83세)	김범문과 헤어 짐(54세)

연 대		김주원	김헌창	김범문	통효대사	낭공대사	진철대사
				· 낭공대사와 수도 (109~111세)			
915	신덕왕 4			(112세)		금성 남산 실제 사로 감(84세)	(57세)
916	신덕왕 5			석남산사에서 별세(113세)		석남산사로 돌 아옴(85세)	(58세)
920	고려 태조 3					· 주왕산 사창암 창건 · 주왕사적을 기 록하여 사창암 가리비조개바위 밑에 묻어 둠 (89세)	(62세)
923	태조 6					석남산사에서 입적(92세)	(65세)
932	태조 15						해주 수미산에 광조사 창건 수행(74세)
936	태조 19						오룡사에서 입 적(78세)

참고 문헌

「경상북도 청송군읍지」, 청송군, 1899.

「청송군지」, 청송군, 1937.

「청송의 향기」, 청송군, 1985.

「영덕군 향토사」, 영덕군, 1992.

강릉 김씨 대종회, 「강릉 김씨 세보」, 1992.

강릉 김씨 대종회, 「강릉 김씨 1200년사」, 김홍기, 1997.

국립공원관리공단 주왕산관리사무소, 「주왕산국립공원 자연생태계 보전 계획」,
　　　　1997.

국립대구박물관, 「국립대구박물관」, 1994.

내무부·자연 보존협회, 「자연보호 대상 지역 종합조사연구보고서」, 1980·
　　　　1985.

도유림 청송 사업소, 「영림 계획(변경) 설명서」, 1969.

문화공보부·문화재관리국, 「중요발견매장문화재도록」, 1989.

사단법인 안동문화연구회, 「안동문화연구 제7집」, 1993.

예천문화원, 「국역양양기구록」, 1996.

예천문화원, 「태소백 고문화 연구회 발표논문」, 백병구, 1995.

이송산 지음, 「주왕산지」, 1833.

평산군 중앙도민회, 「평산군지」, 1976.

김규봉 지음, 『주왕사적의 연구』, 도서출판 칼라뱅크, 1998.

김부식 지음, 이재호 옮김, 『삼국사기』, 솔출판사, 1997.

민족문화추진회, 『신증동국여지승람』, 1971.

부림 홍씨 문중, 『경재선생실기』, 1976.

이상용 지음, 『국립공원 주왕산』, 가람출판사, 1980.

이재창·장경호·장충식·김종섭, 『해인사』, 대원사, 1997.

한국정신문화연구원, 『규방가사 I』, 1979.

한국정신문화연구원, 『한국민족문화대백과사전』, 1991.

『동아원색세계대백과사전』, 동아출판사, 1982.

빛깔있는 책들 301-34

주왕산

글	―김규봉
사진	―손재식

회장	―차민도
발행인	―장세우
발행처	―주식회사 대원사

편집	―박수진, 김분하, 연인숙, 권효정
미술	―김명준, 김지연
기획	―진성민
총무	―이훈, 이규헌, 정광진
영업	―김기태, 이승욱, 문제훈, 안태경, 박경이
이사	―이명훈

첫판 1쇄 ―1998년 3월 31일 발행
첫판 2쇄 ―1999년 10월 25일 발행

주식회사 대원사
우편번호/140-190
서울 용산구 후암동 358-17
전화번호/(02) 757-6717~9
팩시밀리/(02) 775-8043
등록번호/제 3-191호
http://www.daewonsa.co.kr

ⓦ 값 8,500원

ⓒ Daewonsa Publishing Co., Ltd.
Printed in Korea(1998)

ISBN 89-369-0212-1 00980